中小学人工智能教育丛书

基于掌控板学人工智能

（适合六至七年级使用）

主　编

贺德富　田明华

副主编

杨　莉　刘华阳

编　委（按姓氏笔画排序）

马新银　尹慧红　刘小杰　刘翠华　吴兆军

汪　玲　陈克斌　罗高峰　胡正茂　徐　静

郭建斌　雷　春　谭　婷

本册主编

杨　鹤　刘　洁

本册副主编

史玲玲

本册编者（按姓氏笔画排序）

王　磊　朱　胜　向　艳　李燕杰　杨　涌

陈　玮　陈　强　陈杰琦　周凝文　项　雯

钟启芳　钱　浩　曾　颖　路　建　谭　军

华中科技大学出版社

http://press.hust.edu.cn

中国·武汉

图书在版编目 (CIP) 数据

基于掌控板学人工智能 / 贺德富, 田明华主编. —— 武汉 : 华中科技大学出版社, 2023.8
（中小学人工智能教育丛书）
ISBN 978-7-5680-9942-4

Ⅰ. ①基… Ⅱ. ①贺… ②田… Ⅲ. ①人工智能 – 青少年读物 Ⅳ. ①TP18–49

中国国家版本馆CIP数据核字(2023)第163389号

基于掌控板学人工智能 贺德富 田明华 主编
Jiyu Zhangkongban Xue Rengong Zhineng

策划编辑：张利琰 赵 丹 潘 鸣

责任编辑：张利琰

封面设计：王二平

版式设计：廖亚萍

责任校对：李 弋

责任监印：曾 婷

出版发行：华中科技大学出版社（中国·武汉）　　电话：（027）81321913
　　　　　武汉市东湖新技术开发区华工科技园　　邮编：430223

录　　排：华中科技大学出版社美编室

印　　刷：武汉市洪林印务有限公司

开　　本：787mm×1092mm　1/16

印　　张：8

字　　数：119千字

版　　次：2023年8月第1版第1次印刷

定　　价：28.00元

《中小学人工智能教育丛书》序言

自 1956 年正式提出"人工智能"概念至今，人工智能取得了长足的发展，尤其是大数据、物联网和深度学习的日趋成熟，推动人工智能被广泛应用到制造、农业、物流、医疗等诸多行业，引发经济结构重大变革，深刻改变着人类社会生活，改变着世界。

2017 年，国务院印发《新一代人工智能发展规划》，明确指出人工智能已成为国际竞争的新焦点，提出"实施全民智能教育项目，在中小学阶段设置人工智能相关课程，逐步推广编程教育"。同年，教育部印发《普通高中信息技术课程标准（2017 年版）》，将"人工智能初步"设定为选择性必修模块，并在必修模块中加入了人工智能典型案例。2018 年更是明确"在中小学阶段引入人工智能普及教育"，目的是让学生了解和体验人工智能技术，感受人工智能对社会发展的巨大影响，增强利用人工智能技术服务人类发展的责任感，树立远大理想，成为社会主义的建设者和接班人。

2019 年，湖北第二师范学院联合湖北省教育信息化发展中心（湖北省电化教育馆）、武汉市第四十九中学、武汉市第二十中学、武汉市吴家山第三中学、湖北省武昌水果湖第一小学申报教育部教育信息化教学应用实践共同体项目"中小学人工智能课程教学应用实践共同体"，并成功入选。在接下来的几年中，项目组围绕中小学人工智能教育"普及、普适、普惠"这个主题，研究建立中小学人工智能课程的知识体系和课程资源，探索解决中小学人工智能普及教育面临的重点、难点问题。经过深入研究和实践，项目成效初显，吸引了众多学校和相关单位申请加入人工智能课程共建共享和普及开课的活动中。

由于人工智能技术的综合性、复杂性和交叉性，中小学阶段人工智能教学不能过分强调知识体系的完整性，而应该围绕人工智能的核心素养和基本原理，以项目式学习为主要形态，把人工智能知识学习与技能培养融入具体的项目情境，通过翻转课堂等形式重构教学组织方式，发挥 STEAM 教育的特点。在我国基础教育阶段，除信息科技课程中包含人工智能模块外，科学课、机器人教育、STEAM 教育、创客教育也包含人工智能相关教学内容，但它们之间还是有相当大的区别。人工智能教育不是人工智能支持下的教育，而是把人工智能作为教学内容的教育。

人工智能普及教育，应符合基础教育和学生发展的客观规律，面向全体学生，关注个体差异。良好的教学装备有助于推进人工智能教育，这是毋庸置疑的，但人工智能普及教育必须考虑到地区、学校发展的不平衡，建设经费的问题是绕不过去的。为此，我们尝试编写一套具有通用性和开源特性、适合中小学人工智能教育的教材，试图在少花钱的前提下开设人工智能课程，尽量减少教学装备对课程教学的影响。

本系列图书在湖北省教育信息化发展中心（湖北省电化教育馆）的指导下，由湖北第二师范学院组织近四十所中小学校一线教师编写，贺德富教授、田明华主任总体策划教材编写工作。本系列图书按照"人工智能与图形化编程入门""人工智能与图形化编程进阶""人工智能算法与学科融合""基于掌控板学人工智能""基于 ARDUINO 学人工智能"递进展开。小学阶段用图形化编程了解和体验人工智能，涉及入门、进阶、算法等；初中阶段用开源硬件体验和实现人工智能，涉及掌控板、ARDUINO UNO 开发板和传感器等。

由于编者水平有限，书中不妥之处在所难免，恳请读者批评指正。若对本书有批评和建议，可以发送到湖北省中小学人工智能普及教育平台论坛。我们将不断修订，使教材更加完善。

编者

2022 年 11 月

目 录

项目 1 **设计我的姓名牌**

掌控板，是一款微控制器板。通过掌控板编程，我们可以实现各种有趣的小发明。我们一起用掌控板编程来设计姓名牌吧！

学习目标

1. 认识掌控板的基本组成，学习编程软件 Mind+ 的基本操作方法。

2. 能利用 Mind+ 掌控扩展模块在掌控板屏幕上显示文字，并能熟练地通过更改坐标数值，调整文字的位置。

3. 能正确描述 Mind+ 软件屏幕显示模块相关积木块的作用。

任务说明

利用 Mind+ 掌控扩展模块在屏幕上显示文字，并能通过更改坐标数值，调整文字的位置。

主要电子元器件清单

本项目需要的主要电子元器件如图 1-1 所示。

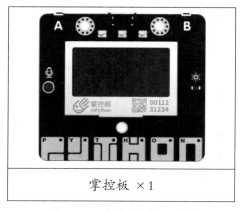

掌控板 ×1

图 1-1 主要电子元器件

实践与探究

一　知识探秘

知识园地 1：掌控板 OLED 显示屏

图 1-2 的 OLED 显示屏实际上是由若干个小点组成的，每一个点就是一个像素。分辨率 128×64 的意思是水平方向每行有 128 个像素点，垂直方向每列有 64 个像素点，屏幕上一共有 128×64 个像素点。

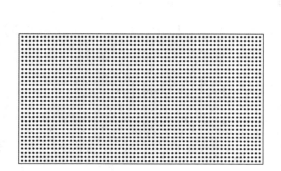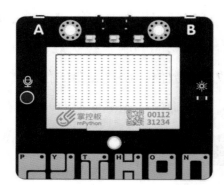

图 1-2　OLED 显示屏

★掌控板屏幕分辨率为 128×64，所以 x 轴的数值范围为 0—127，y 轴的数值范围为 0—63，如图 1-3 所示。

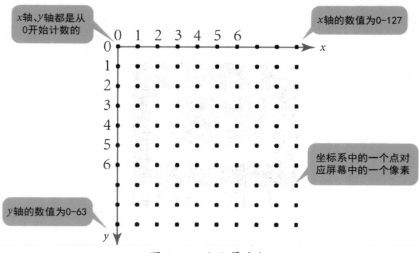

图 1-3　显示屏坐标

知识园地 2： Mind+

Mind+ 是一款国产青少年编程软件，能支持包括掌控板在内的多种开源硬件编程。图 1-4 是 Mind+ 上传模式界面。

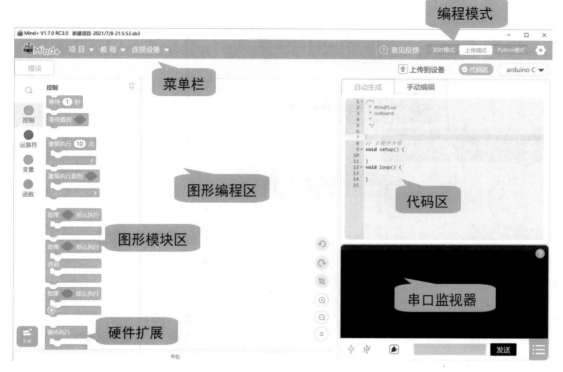

图 1-4 Mind+ 上传模式界面

知识园地 3： 屏幕显示模块的积木块

本项目中，我们在用Mind+对掌控板编程时使用屏幕显示模块中的积木块，如表 1-1 所示。

表 1-1 屏幕显示模块积木块及其功能

积木块	功能
文本输入框 坐标Y的值，确定文字竖直位置 屏幕显示文字 Mind+ 在坐标 X: 42 Y: 22 预览 坐标X的值，确定文字水平位置 预览文字在屏幕中的位置，单击后预览效果如下图 Mind+	在屏幕上显示文字。注意：预览仅支持坐标预览，不支持文本内容预览

续表

积木块	功能
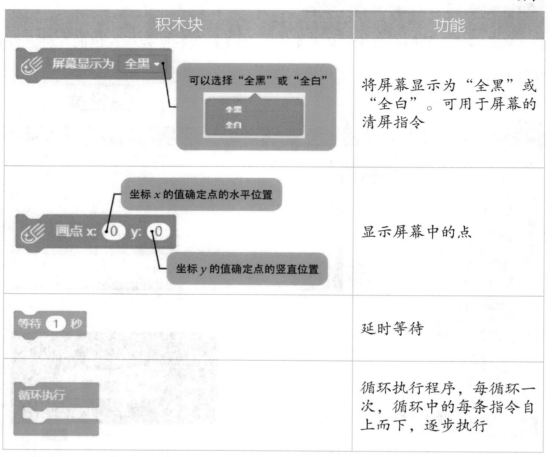	将屏幕显示为"全黑"或"全白"。可用于屏幕的清屏指令
	显示屏幕中的点
等待 1 秒	延时等待
循环执行	循环执行程序，每循环一次，循环中的每条指令自上而下，逐步执行

知识园地4：连接掌控板

通过以下4步，完成掌控板在 Mind+ 中的连接设置。

① 将掌控板通过数据线连接到计算机。

② 打开 Mind+，选择"上传模式"，如图1-5所示。

③ 单击左下"扩展"（如图1-6所示），弹出如图1-7所示窗口，选择"主控板"后，单击"掌控板"，返回。

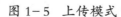

图1-5　上传模式　　　　　图1-6　扩展图标

图 1-7 扩展界面

④ 在连接设备下拉菜单（如图 1-8 所示）中，选择掌控板型号。同学们，赶紧试试吧!

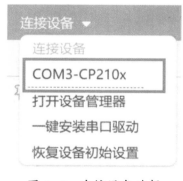

图 1-8 连接设备选择

程序编写

▎**任务一：设计我的姓名牌。**

参考图 1-9 所示显示文字程序和图 1-10 所示坐标，编写程序并将程序上传到掌控板。

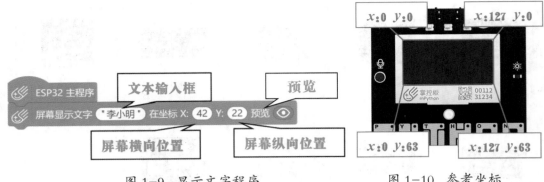

图 1-9 显示文字程序   图 1-10 参考坐标

在编写的程序中点击"屏幕显示文字"指令中的"预览",可以预览文字在屏幕中所处的位置。预览效果如图 1-11 所示。

试一试

你可以让名字分别显示在屏幕的四个角吗?

图 1-11 显示文字预览

▌任务二:让自我介绍更丰富。

参考图 1-12 所示自我介绍程序,编写程序并将程序上传到掌控板。

ESP32 主程序
屏幕显示文字 "李小明" 在第 1▼ 行
屏幕显示文字 "七年级1班" 在第 2▼ 行
屏幕显示文字 "XXX中学" 在第 3▼ 行

试一试

你可以让这些信息显示在屏幕中间吗?

图 1-12 自我介绍程序

▋任务三：让自我介绍动起来。

以"让文字上下滚动显示"为例，让我们一起学习如何动态显示文字。参考图 1-13 所示滚动文字程序，编写程序并将程序上传到掌控板。

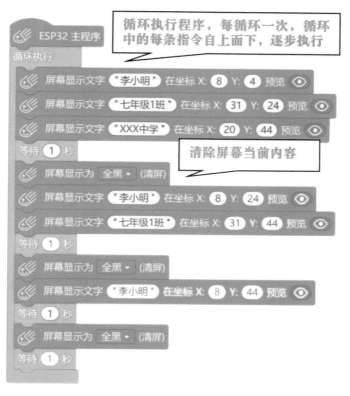

图 1-13　滚动文字程序

运行结果：文字内容上下滚动显示。

试一试

你可以试着通过修改坐标值，让三行文字都居中并上下滚动吗？

观察编写的程序可以发现，只需要改变文字的坐标 x、y 的值，配合清屏效果，就可以让文字动态显示。

文字还可以做出更多的动态效果，比如勾勒出图案、实现闪屏效果等。打开自己的"脑洞"来试一试吧！

分享与交流

创新精神在于分享，拿出作品和同学们分享交流你在完成任务的过程中遇到的问题、存在的困惑、获得的经验、学到的方法。在分享交流的过程中，如果你有新的思路和想法，请及时记录下来。

发现的问题和困惑

我的收获

新的思路和想法

拓展与挑战

拓展阅读：AI

人工智能（artificial intelligence），英文缩写为AI。它是研究、开发用于模拟、延伸和扩展人的智能的理论、方法、技术及应用系统的一门新的技术科学。

机器视觉、指纹识别、人脸识别、视网膜识别、虹膜识别、掌纹识别、专家系统、自动规划、智能搜索、定理证明、自动程序设计、智能控制、机器人学、语言和图像理解、遗传编程等，都属于人工智能的范畴。

挑战任务

（1）利用掌控板实现5秒的倒计时功能。倒计时完成后，在屏幕中央显示文字"游戏开始"。

（2）Mind+中还有很多简单又好玩的指令，尝试探索一下，使文字显示在屏幕中的随机位置。可以使用图1-14中的"取随机数"积木。

在 1 和 10 之间取随机数

图1-14 "取随机数"积木

（3）尝试在屏幕中显示一颗爱心的图案。可以使用图1-15中的"屏幕显示图片"积木。

图1-15 "屏幕显示图片"积木

几何画像

文字是记录语言的书写符号系统，是音、形、义的统一体。有的文字起源于图形，比如象形文字，将一些具有一定含义的图形组合在一起，来表达一些特定意义。网络信息时代，信息安全至关重要。我们可以模仿文字产生的过程，设计一些图文暗语，并构建新的图文库，防止信息被盗取。

图 2-1 所示是一款含义为"风车"的图文暗号，你能用 Mind+ 语言设计出来吗？

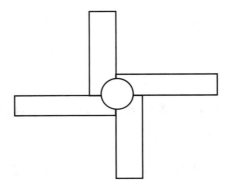

图 2-1　暗号"风车"

学习目标

1. 使用 Mind+ 软件，绘制各种不同的几何图形。

2. 能够使用 Mind+ 软件，根据需要分析并设计出各种图文。

3. 提高根据需求解决问题的能力。

任务说明

用掌控板、I/O 扩展板，制作一款能在 OLED 屏上显示图形文字的智能硬件；建立一个新的图形交流库。

主要电子元器件清单

本项目需要的主要电子元器件如图 2-2 所示。

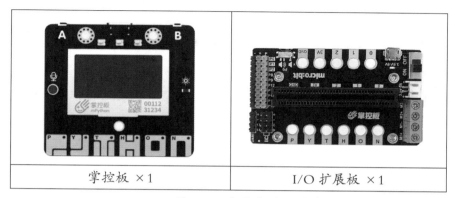

| 掌控板 ×1 | I/O 扩展板 ×1 |

图 2-2　主要电子元器件

实践与探究

一　知识探秘

知识园地 1：I/O 扩展板

图 2-3 所示的 I/O 扩展板是一款为掌控板设计的微型多功能 I/O 传感器扩展板。其 I/O 3Pin 接口支持几十款传感器，为使用者省去了烦琐的鳄鱼夹接插步骤。

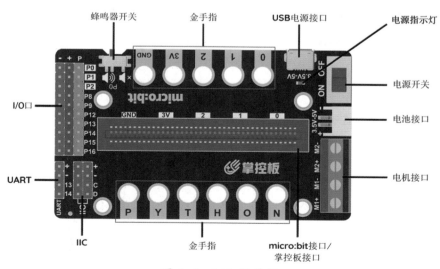

图 2-3　I/O 扩展板

知识园地2：屏幕显示模块的积木块

屏幕显示模块的积木块及其功能如表 2-1 所示。

表 2-1　屏幕显示模块的积木块及其功能

积木块	功能
画点 x: 0 y: 0	"画点"指令：通过设置点的位置画点
画线 起点x1: 0 y1: 0 终点x2: 0 y2: 0	"画线"指令：通过设置的画线的两个顶点位置，确定线条位置与长度
画圆 填充▼ 圆心 x: 0 y: 0 半径: 20	"画圆"指令：通过设置的圆心位置和半径，在屏幕上画出一个圆形
画矩形 填充▼ 起点 x: 0 y: 0 宽: 0 高: 0	"画矩形"指令：通过设置的矩形左上角的顶点位置和宽、高的大小，确定矩形的位置与大小
屏幕显示为 全黑▼ (清屏)	"清屏"指令：擦除屏幕上前几个步骤中画出的图像，否则后面的图会与前面的图叠加在一起

二　程序编写

编写程序，绘制一个完整的"风车"暗号。

▍任务一：让掌控板显示圆形图像。

通过编程，使用画圆积木块在掌控板屏幕上绘制一个圆形。完整参考程序如图 2-4 所示。

图 2-4　画圆的参考程序

小提示

运行后，在 OLED 屏上会显示出一个圆。

▍任务二：让掌控板显示屏正中间显示一个宽 15、高 30 的实心矩形图像。

通过编程，使用画矩形积木块在掌控板屏幕上绘制一个矩形。完整参考程序如图 2-5 所示。

图 2-5　画矩形的参考程序

小提示

同学们，认真思考，绘制"风车"图案时，第一个矩形的起点 x 坐标、y 坐标与中间圆形的圆心是什么关系？

▌任务三：让掌控板显示风车图像。

通过编程，绘制一个完整的"风车"暗号（如图2-6所示）。

图2-6 显示暗号"风车"

完整参考程序如图2-7所示。

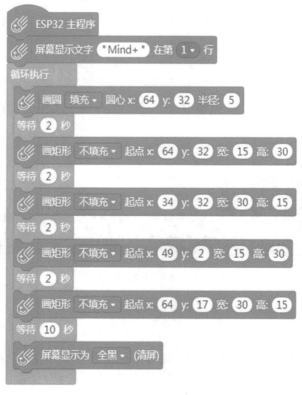

图2-7 显示风车的参考程序

试一试

大家将各自设计的程序编译上传，测试一下自己编制的程序能显示预想的图形吗？如果不行，找一找问题出在哪里；如果可以，就跟小伙伴们分享一下你的经验。

分享与交流

创新精神在于分享，拿出作品和同学们分享交流你在完成任务的过程中遇到的问题、存在的困惑、获得的经验、学到的方法。在分享交流的过程中，如果你有新的思路和想法，请及时记录下来。

发现的问题和困惑

我的收获

新的思路和想法

拓展与挑战

拓展阅读：AI 在视频中的应用

随着科技的发展，AI 已经能自动生成海报、标志等。我们可以直接使用 AI 生成的图像结果，也可以在 AI 生成的图像内容上做专业的二次修改。AI 机器人"鲁班"制作"双 11"海报是近年 AI 较成功的图像应用之一。AI 的高效也使得海报的大规模个性化定制成为可能。

AI 在图像处理方面有很多研究成果。部分研究以滤镜 APP 的方式推出了大众娱乐产品，引起了广泛关注。

挑战任务

屏幕显示模块中的各积木块可以帮助我们绘制出各种图像。在生活中，人们也很喜欢观看动态图。你能使用这些积木块创作一幅动态贺卡送给你的朋友吗？

图片变变变

传感器就像人体的感觉器官，有的传感器会"看"，有的会"听"，还有的会"闻"。掌控板有许多板载传感器，这些传感器就像掌控板的感觉器官，我们可以利用这些传感器来实现创意。其中，三轴加速度传感器就能够很好地监测物体的运动情况。我们尝试使用这个传感器制作一个"动感变变变"屏，让显示内容随着"摇一摇"而变化吧。

学习目标

1. 学习串口的使用方法。

2. 了解三轴加速度传感器的 x 轴、y 轴、z 轴对应在掌控板上的方向。

3. 掌握掌控板上三轴加速度传感器的使用方法。

任务说明

用掌控板、I/O 扩展板制作一款能使 OLED 屏随着加速度变化而呈现不同画面的智能硬件。

主要电子元器件清单

本项目需要的主要电子元器件如图 3-1 所示。

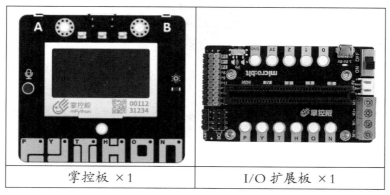

掌控板 ×1	I/O 扩展板 ×1

图 3-1　主要电子元器件

实践与探究

一　知识探秘

知识园地1：加速度传感器、变量和串口

　　加速度是描述物体速度变化快慢的物理量。牛顿第一定律告诉我们，物体如果没有受到力的作用，运动状态不会发生改变。由此可知，力是物体运动状态发生改变的原因，也是产生加速度的原因。

　　加速度传感器是一种能够测量加速力，并将加速度转换为电信号的电子设备。加速力就是物体在加速时作用在物体上的力，例如物体自由下坠时受到的重力。

　　掌控板自带一个三轴加速度传感器，能够测量重力引起的加速度，测量范围为 –2g 到 +2g（g 为重力加速度）。

　　三轴加速度传感器沿 x、y、z 三个轴（见图 3–2）对加速度值进行测量。每个轴的测量值是正数或负数，正数趋近重力加速度 g 的方向。当某个轴测量值为 0 时，加速度传感器沿着该轴"水平"放置。

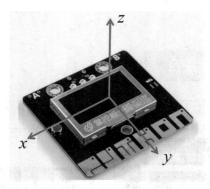

图 3–2　加速度传感器方向模拟

　　"读取加速度的值"指令中的强度表示 x、y、z 三个轴的矢量和。矢量表示带有方向的量，矢量和指方向与大小的和。在这里，我们只需要了解这个概念，知道强度值不是简单的数值相加，而是矢量求和即可。关于如何求和，高中和大学的数学课中将会讲到。

变量的作用是存放可以变化的值。变量就好像我们的钱包一样，可以往钱包里放 1 元纸币或者 100 元纸币，还可以放了 100 元纸币再放 50 元纸币。只要钱包的容量够，放多少进去，打开钱包都能看到相应有多少元钱。变量也是如此，可以放不同的数值进去，可以是 1 或 100，也可以放了 100 再放 50，并可以随时看到变量里放的数值是多少。

变量来源于数学，它能够对程序中需要不断变化的数据赋予一个简短、易于记忆的名字。

串口是串行接口的简称，也称为串行通信接口或 COM 接口。

串口通信可以理解为在不同电子设备之间交换数据，其实就是实现不同电子设备之间的"通信对话"。比如在本项目任务一中，通过串口我们可以在计算机端看到掌控板上加速度传感器的检测值。

知识园地 2：屏幕显示模块的积木块

屏幕显示模块的积木块及其功能如表 3-1 所示。

表 3-1　屏幕显示模块的积木块

积木块	功能
读取加速度的值(m-g)　X ✓ X Y Z 强度	"读取加速度的值"指令：读取三轴加速度传感器的值。 x：掌控板前后方向加速度值。 y：掌控板左右方向加速度值。 z：掌控板上下方向加速度值。 强度：3 个方向加速度值的矢量和
串口0　字符串输出　hello　换行	"串口"指令：通过串口区显示当前传感器获取的值
	"串口开关"指令：打开后显示程序运行结果。 "清除输出"指令：清空终端框窗口。 "串口输入框"指令：向串口输入数据。 "输出格式控制"指令：控制输出格式，比如是否换行
变量 my float variable 设置 my float variable 的值为 0 将 my float variable 增加 1	"变量"指令：存放可以变化的值。 "变量赋值"指令：给变量存入不同的数值。 点击指令中的变量名，从弹出的下拉窗口中可以选择不同的变量，重新给变量命名或者删除变量

二　程序编写

▌任务一：掌控板读取加速度的值。

编写程序，当晃动掌控板时，显示屏上显示当时的掌控板加速度的数值。完整参考程序如图 3-3 所示。

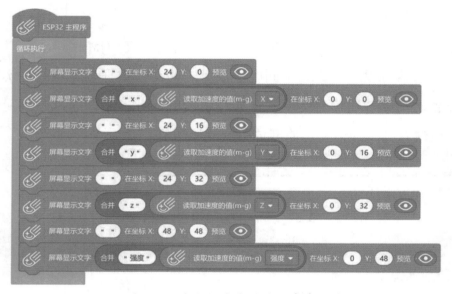

图 3-3　读取加速度的值的参考程序

效果显示如图 3-4 所示。

图 3-4　效果显示

小提示

显示屏上显示的 x, y, z 三个数值，分别为这三个方向的加速度。

▌任务二：掌控板显示屏上显示图片。

　　通过编程，让掌控板屏幕上显示上传的图片。

　　准备一张素材图片，按照图 3-5 所示程序上传到设备，掌控板显示屏上将会显示该图像。

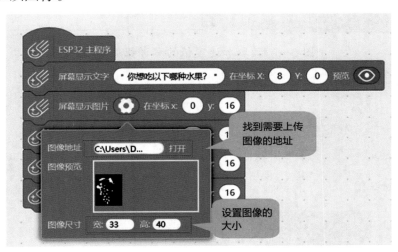

图 3-5　显示图片的参考程序

小提示

　　图像的坐标与图像显示的位置有什么关系呢？宽和高对图像有什么影响？

▌任务三：制作"摇一摇"图片变换器。

　　编写程序，制作一个"摇一摇"图片变换器。每摇一次掌控板，屏幕显示变化一张图片。完整参考程序如图 3-6、图 3-7 所示。

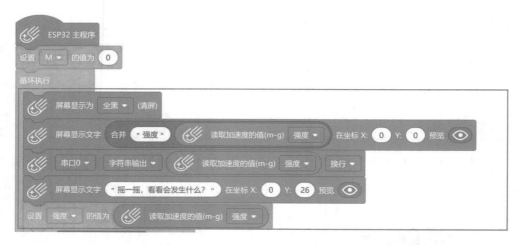

图 3-6　读取加速度值的参考程序

小提示

我们发现通过晃动自带三轴加速度传感器的掌控板，可以读取对应的加速度数值。因此，我们可以通过数值的变化来控制图片的变化。

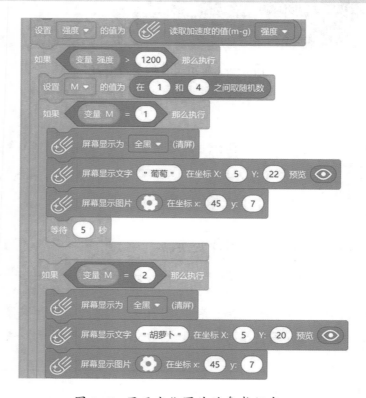

图 3-7　显示变化图片的参考程序

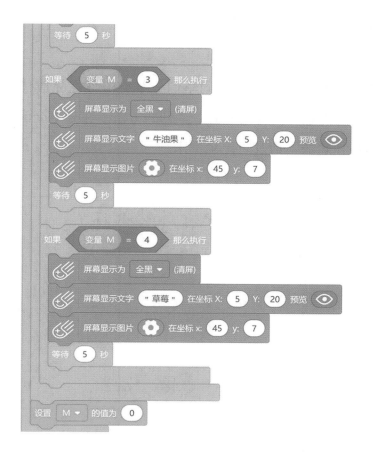

续图 3-7

小提示

　　我们可以将需要显示的图片进行编号。如果加速度值发生变化，变量"强度"也会发生变化。当变量"强度"超过一定值时，变量 M 会随机选择一个编号，用新图片代替原图片。

试一试

　　将自己编制的程序上传到掌控板，测试一下，能实现"摇一摇"效果吗？如果不行，找一找问题出在哪里；如果可以，跟小伙伴们分享一下你的经验。

分享与交流

　　创新精神在于分享，拿出作品和同学们分享交流你在完成任务的过程中遇到的问题、存在的困惑、获得的经验、学到的方法。在分享交流的过程中，如果你有新的思路和想法，请及时记录下来。

发现的问题和困惑

我的收获

新的思路和想法

拓展与挑战

拓展阅读：AI 在视频制作中的应用

用 AI 预测影视作品效果来指导创作已经有了成功案例，可以为人决策作一个补充。AI 拍摄录像还难以到达专业摄像水平，只能用于偏娱乐的领域。AI 剪辑视频目前仍处于研究阶段，只能生成资讯类的视频框架，再由人在此基础上进行编辑，所以它还未实际应用于专业视频编辑领域。

挑战任务

生活中，加速度传感器的使用非常广泛。例如，加速度传感器可以帮助仿生学机器人识别它身处的环境和动作，比如是在爬山还是在走下坡。你能尝试利用加速度传感器做一个电子计步器吗？要求按下按钮时开始记步，在屏幕上显示走的步数。

"弹幕"一词，本意是指射击游戏中子弹过于密集以至于像一张幕布一样。观看视频时大量评论从屏幕上飘过，看上去像是射击游戏里的弹幕，所以现在也将这种大量评论在屏幕上滚动的效果称作弹幕。

在本项目中，我们尝试用硬件实现类似弹幕的移动效果。

学习目标

1. 了解直滑传感器的功能和基本原理，会连接掌控板、I/O 扩展板、模拟直滑传感器等。

2. 能够运用引脚操作指令侦测传感器的数值，能运用侦测数值控制指令的执行。

3. 能够理解弹幕文字的移动过程，并通过编程实现；能熟练运用条件判断、等待指令，实现控制弹幕文字的移动速度。

任务说明

用掌控板、I/O 扩展板、模拟直滑传感器制作一款能使用滑柄控制掌控板OLED 屏上文字移动速度的智能硬件。图 4-1 是一个自控弹幕移动案例。

图 4-1 自控弹幕移动案例

主要电子元器件清单

本项目需要的主要电子元器件如图 4-2 所示。

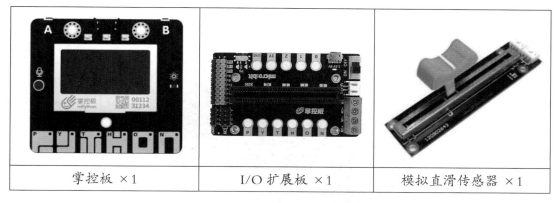

| 掌控板 ×1 | I/O 扩展板 ×1 | 模拟直滑传感器 ×1 |

图 4-2　主要电子元器件

实践与探究

一　知识探秘

图 4-3 所示的模拟直滑传感器是一种可调电位器。其电阻体为长方条形，通过与滑座相连的滑柄的直线运动来改变输入信号值的大小。它是一款非常基础的模拟信号输入设备，结合 I/O 传感器扩展板，可以实现互动功能。模拟直滑传感器有两个输出端口，数据线可连接任一个端口，另一个备用。

图 4-3　模拟直滑传感器

二　硬件连接

如图 4-4 所示，将掌控板插入 I/O 扩展板。

图 4-4　掌控板与 I/O 扩展板连接

小提示

插入时，掌控板 OLED 屏需朝向扩展板的正面，即朝向标有 PYTHON 的一面。

将连接线的白色 PH 插头与传感器相连，黑色杜邦插头与扩展板的 P1 接口相连，可参照图 4-5 所示连接。

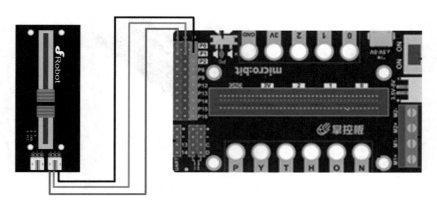

图 4-5　连接传感器与 I/O 扩展板

最后用数据线将掌控板和计算机连接起来（见图 4-6）。

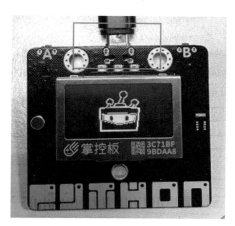

图 4-6　连接计算机与掌控板

程序编写

程序实现主要分四个步骤，具体如下。

① 参考图 4-7，编写程序，并测试直滑传感器的取值范围。

图 4-7　读取直滑传感器数值的参考程序

小提示

运行后移动滑柄，OLED 屏上应显示传感器的最大值和最小值，最小值为 0，最大值为 4095。

② 参考图 4-8，编写程序，调试文字的长度和位置。

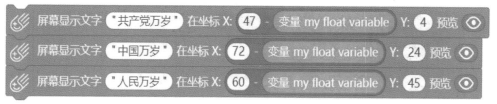

图 4-8　确定文字的长度和位置的参考程序

③ 思考"文字移动速度"数学表达式，并用指令实现。可以参考图 4-9 所示的指令表达。

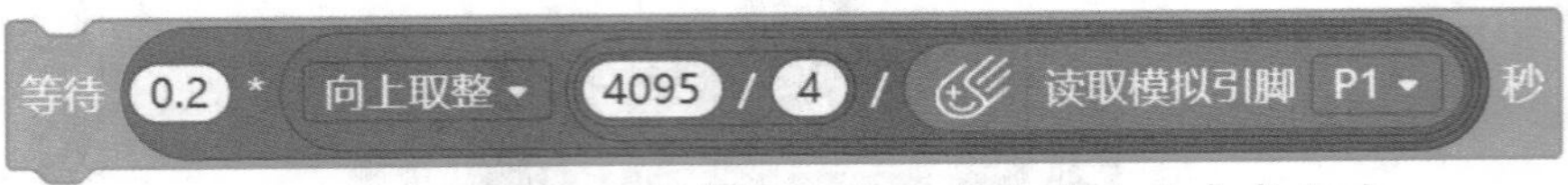

等待 0.2 * 向上取整 ▼ 4095 / 4 / 读取模拟引脚 P1 ▼ 秒

图 4-9　文字移动速度与传感器数值大小的关系的参考程序

小提示

　　上面的表达式可以将滑杆的运动方向和距离转化为弹幕文字的移动方向和速度，其中的数学原理是什么？你还可以写出其他表达式吗？

④ 尝试通过编程实现掌控板自控弹幕。

　　通过编程实现：移动滑柄控制文字移动的快慢。

图 4-10 所示为完整的弹幕移动参考程序。

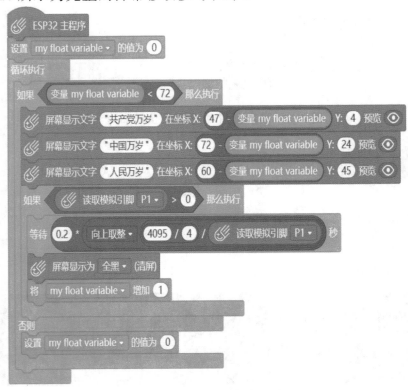

图 4-10　弹幕移动参考程序

试一试

按照自己的设计，接好线路，将程序编译上传，测试一下，自己连接的电路和编制的程序能实现设想的功能吗？如果不行，找一找问题出在哪里；如果可以，跟小伙伴们分享一下你的经验。

分享与交流

创新精神在于分享，拿出作品和同学们分享交流你在完成任务的过程中遇到的问题、存在的困惑、获得的经验、学到的方法。在分享交流的过程中，如果你有新的思路和想法，请及时记录下来。

发现的问题和困惑

我的收获

新的思路和想法

拓展与挑战

拓展阅读：图灵测试

今天，世界上带有计算功能的设备已远远超过了人口数量，但是，在这么多的机器中，是否有一台或者若干台能像人类一样思考呢？要回答这个问题，并不是那么容易。举个例子，如果有人说手机其实是有灵魂的，你一定觉得这是无稽之谈。但是反过来，你又怎样从科学上证明手机没有主动思考的能力，只是机械地运行 App 呢？

计算机科学与人工智能之父图灵，设计了一个巧妙的测试方法：让机器和人隔屏进行文本对话，如果机器能骗过人，让人无法区分与他对话的是人还是机器，那么就可以认为这台机器是能够思考的，而且具备了可以与人类相提并论的智力。这就是著名的"图灵测试"。也就是说，我们不用去纠结机器是否有灵魂、机器是否能理解、机器是在抄袭还是原创，只要机器能表现得和人类一样，就可以认为它具备了智能。

挑战任务

同学们可以自己来编写游戏。一个小球从上往下移动，底部有一根黑色小木条随模拟直滑传感器移动拦截小球，拦截失败，小球将落到底部区域，则游戏结束。这个游戏很简单，试着自己编写相关程序吧。

"看见"声音

随着城市的发展，噪声污染越来越严重（见图5-1）。你能使用Mind+软件编写程序来检测我们身边环境的声音强度吗？在这个项目中，我们一起试着用掌控板"看见"声音。

图5-1 噪声污染

学习目标

1. 掌握制作简易噪声警报器的方法。

2. 了解声音传感器、逻辑运算。

3. 掌握掌控板检测及显示声音强度值的方法。

任务说明

用掌控板、Mind+软件编程，实现检测及显示声音强度值。

主要电子元器件清单

本项目需要的主要电子元器件如图5-2所示。

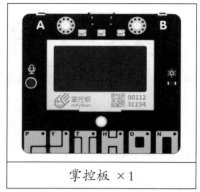

掌控板 ×1

图 5-2 主要电子元器件

实践与探究

一 知识探秘

知识园地 1：噪声

噪声是一类使人烦躁或音量过强而危害人体健康的声音。从环境保护的角度看，凡是妨碍到人们正常休息、学习和工作的声音，以及对人们要听的声音产生干扰的声音，都属于噪声。

知识园地 2：掌控板麦克风模块

掌控板自带的麦克风（见图 5-3）也叫声音传感器，声音传感器是一种可以检测声音大小的传感器。常见的声音传感器大多内置了一个对声音敏感的电容式驻极体话筒。声波使话筒内的驻极体薄膜振动，导致电容变化，从而产生对应变化的微小电压。这一电压被转化成 0—5 V 的电压，经过 A/D 转换被数据采集器接收并进行传送。

图 5-3 掌控板的麦克风

知识园地 3： Mind+ 程序指令

本项目中，我们在 Mind+ 对掌控板编程时使用"屏幕显示"模块、条件语句、逻辑运算等积木块指令（见表 5-1）。

表 5-1 积木块指令及功能

积木块	功能
合并 apple banana	可以实现将中英文字符、变量、传感器信号值、输出信号值等自由组合在一起
与	两侧条件同时成立，则结果为真
读取麦克风声音强度	读取掌控板上麦克风传感器检测到的声音强度值

二 程序编写

任务一：掌控板屏幕显示声音强度值。

通过编程，使掌控板能检测及显示声音强度值。

参照图 5-4 所示的程序，编写程序并上传。

- "合并"指令的作用是将两部分文字内容合并到一起。
- 这里通过"合并"指令显示出"麦克风：0"的效果。

- 通过显示"空白"遮挡"读取麦克风声音强度"数值。
- 配合"循环执行"不断刷新数值。
- 中文字符占 16×16 个像素，英文字符占 16×8 个像素。所以空格的起始位置 x 坐标为 16×3+8=56。

图 5-4 掌控板屏幕显示声音强度值参考程序

需要显示几个空格才能完全遮挡"读取麦克风声音强度"的数值？

调试并运行程序，使掌控板屏幕显示声音强度值，如图 5-5 所示。

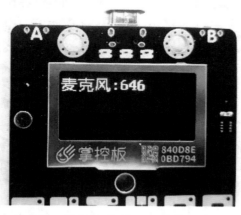

图 5-5　掌控板屏幕显示声音强度值

声音传感器的返回值范围为 0—4095，声音越大，数值越大。

通过编程，实现如图 5-6 所示的麦克风强度值显示效果。

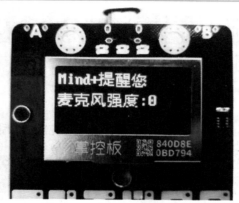

图 5-6　显示麦克风强度值

▌任务二：编写噪声警报器程序。

当声音过大时，用掌控板上 LED 灯亮灯数量来反映噪声等级。

参照图 5-7 所示的程序，编写程序并上传。

图 5-7　噪声警报器参考程序

调试并运行程序，记录运行结果，如图 5-8 所示。

图 5-8　噪声警报器运行结果

试一试

　　学习使用传感器后，我们可以用掌控板做出更加丰富的能与现实生活交互的趣味项目。比如使用麦克风传感器，我们还可以做一个分贝仪来检测声音大小或者编写一个声控游戏程序。发挥你的创意吧！

分享与交流

　　创新精神在于分享，拿出作品和同学们分享交流你在完成任务的过程中遇到的问题、存在的困惑、获得的经验、学到的方法。在分享交流的过程中，如果你有新的思路和想法，请及时记录下来。

发现的问题和困惑

我的收获

新的思路和想法

拓展与挑战

拓展阅读：声音传感器在生活中的应用

小区楼道一般会有声光控延时灯。在夜晚，当有人走过楼梯通道，发出脚步声或其他声音时，楼道灯会自动亮起，提供照明；当人们进入家门或走出公寓，声音消失，楼道灯几分钟后会自动熄灭。在白天，即使有声音，楼道灯也不会亮，可以达到节能的目的。这种声光控延时开关不仅适用于住宅区的楼道，而且也适用于工厂、办公楼、教学楼等场所。它具有体积小、外形美观、制作容易、工作可靠等优点，也可以自制。例如，我们可以用掌控板自带的声音传感器、光线传感器，通过编程来实现类似的功能。

生活中使用的声控灯、智能电视等很多声控设备，都离不开声音传感器。声音传感器在现代科技领域中的作用越来越大，从机器人到航空航天技术，声音传感器的应用领域在不断扩展。

挑战任务

利用掌控板做一个声控小游戏吧。用你的声音来控制小人在平台上跳跃翻滚，音量大小可以决定它的跳跃高度。

爱乐达人

音乐可以让人感到快乐。小小的掌控板，可以变身为神奇的音乐盒，播放动听的音乐，还可以变成小钢琴，弹奏出简单的乐曲。在这个项目中，我们一起试着让掌控板奏出美妙的旋律。

学习目标

1. 认识掌控板上的蜂鸣器。

2. 了解掌控板上触摸按键的工作原理。

3. 通过编写程序，让掌控板奏出美妙的旋律。

任务说明

编写程序，让掌控板发出动听的声音。

主要电子元器件清单

本项目需要的主要电子元器件如图6-1所示。

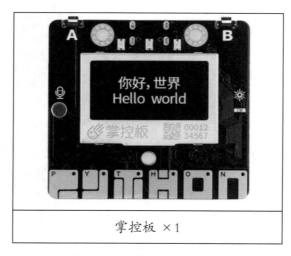

掌控板 ×1

图6-1 主要电子元器件

实践与探究

一　知识探秘

知识园地 1：掌控板上的蜂鸣器

如图 6-2 所示，蜂鸣器是一种会发声的电子器件，广泛应用于各种电子产品。

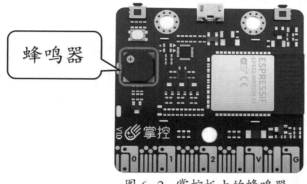

蜂鸣器

图 6-2　掌控板上的蜂鸣器

知识园地 2：掌控板上的触摸按键

常见的触摸按键可以分为四大类：电阻式按键、电容式按键、表面声波感应按键和红外线感应按键。掌控板采用的是电容式按键。电容式按键可以穿透 8 mm 以上的绝缘材料外壳（玻璃、塑料等），准确无误地侦测到手指的有效触摸，并能保证它的灵敏度、稳定性、可靠性等不会因环境条件的改变或长期使用而发生变化，具有防水、强抗干扰、超强适应温度变化等特性。

如图 6-3 所示，掌控板上有 6 个触摸按键，分别用字母 P、Y、T、H、O、N 表示。触摸按键上的金色区域为可触发区域。

触摸按键P、Y、T、H、O、N

图 6-3　掌控板上的触摸按键

知识园地 3：触摸按键、音调、音符积木块

触摸按键、音调、音符积木块及其功能如表 6-1 所示。

表 6-1　触摸按键、音调、音符积木块及其功能

积木块	功能
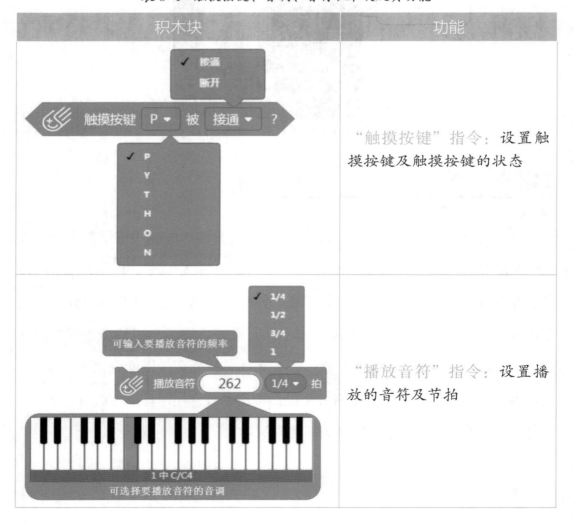	"触摸按键"指令：设置触摸按键及触摸按键的状态
	"播放音符"指令：设置播放的音符及节拍

知识园地4：　音调、音符与声音的频率

我们不管是说话还是唱歌都在发出声音，那么声音是如何产生的呢？蜂鸣器又是如何产生不同音调的声音的呢？

物理学中，声音是由物体的振动产生的，正在发声的物体叫做声源。物体在一秒钟之内振动的次数叫做频率，单位是赫兹（Hz）。物体振动的频率不同，发出声音的音调就不同，通过改变蜂鸣器振动的频率，就可以得到不同音调的声音。我们通过编程改变蜂鸣器的振动频率，让蜂鸣器发出的声音音调随之改变，从而形成优美的旋律。表6-2为相应音符对应的声音频率值。

表6-2　相应音符对应的声音频率值

音符	1	2	3	4	5	6	7
唱名	do	re	mi	fa	sol	la	si
音高	C4	D4	E4	F4	G4	A4	B4
声音频率/Hz	262	294	330	349	392	440	494

二　程序编写

任务一： 使用掌控板播放《两只老虎》乐曲片段。

编写一段程序，当按下绿旗时，掌控板开始播放《两只老虎》片段。图6-4所示为《两只老虎》简谱片段。

两只老虎

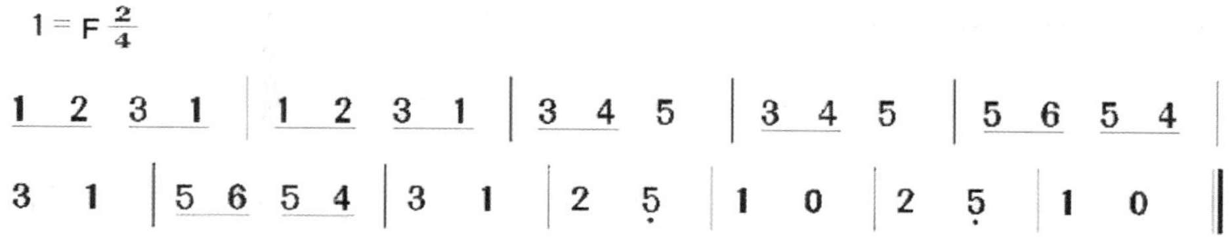

$1 = F \frac{2}{4}$

1 2 3 1 ｜ 1 2 3 1 ｜ 3 4 5 ｜ 3 4 5 ｜ 5 6 5 4

3 1 ｜ 5 6 5 4 ｜ 3 1 ｜ 2 5̣ 1 0 ｜ 2 5̣ 1 0 ｜

图6-4　《两只老虎》简谱片段

小提示

节拍表示发音持续时间，在Mind+软件中可以理解为1拍等于1秒。《两只老虎》为2/4拍。当简谱中的数字下面没画横线时，"播放音符"指令中选择1/2拍；当数字下面画了横线时，"播放音符"指令中选择1/4拍。连续相同的小节，我们可以用重复指令来完成。此简谱中"5"的音高为G3，声音频率为196。

参考如图 6-5 所示的程序，编写音乐播放的程序。

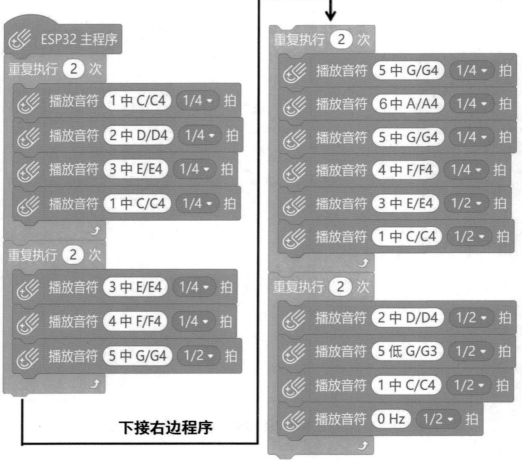

图 6-5 播放《两只老虎》乐曲片段的参考程序

单击"上传到设备"，将编写好的程序上传到掌控板，掌控板就能播放《两只老虎》的乐曲片段了。

▌任务二：掌控板变小钢琴。

编写一段程序，实现如下功能：当触摸掌控板上的 P、Y、T、H、O、N 键时，会相应响起 do、re、mi、fa、sol、la 的音。

小提示

要想用掌控板弹奏一支乐曲，就必须对触摸按键进行设置：按下 P 键，发出中音 do，1/2 拍；按下 Y 键，发出中音 re，1/2 拍；按下 T 键，发出中音 mi，1/2 拍；按下 H 键，发出中音 fa，1/2 拍；按下 O 键，发出中音 sol，1/2 拍；按下 N 键，发出中音 la，1/2 拍。最后一定要加上循环指令。

完整参考程序见图 6-6 所示。

图 6-6 掌控板变小钢琴的参考程序

单击"上传到设备"，将编写好的程序上传到掌控板，我们就能触摸相应的按键弹奏《小星星》了，简谱如图 6-7 所示。

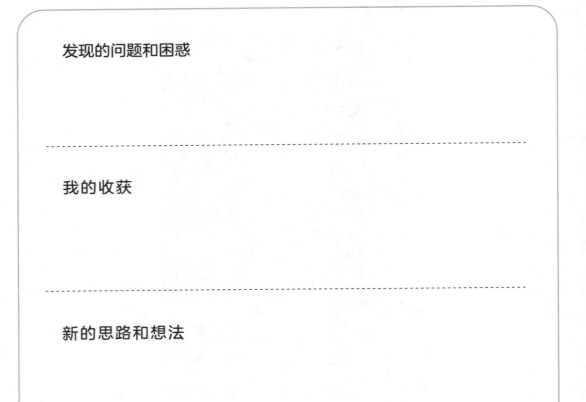

小 星 星

1= C $\frac{4}{4}$

1 1 5 5 | 6 6 5 - | 4 4 3 3 | 2 2 1 - | 5 5 4 4 | 3 3 2 - |
5 5 4 4 | 3 3 2 - | 1 1 5 5 | 6 6 5 - | 4 4 3 3 | 2 2 1 - ‖

图 6-7 《小星星》简谱

分享与交流

创新精神在于分享，拿出作品和同学们分享交流你在完成任务的过程中遇到的问题、存在的困惑、获得的经验、学到的方法。在分享交流的过程中，如果你有新的思路和想法，请及时记录下来。

发现的问题和困惑

我的收获

新的思路和想法

拓展与挑战

拓展阅读：人工智能可以作曲吗？

Experiments in Musical Intelligence（音乐智能实验，EMI）是美国加州大学圣克鲁斯分校的音乐教授兼作曲家 David Cope 开发的一款软件，被认为是目前最先进的人工智能音乐作曲系统。

1987 年，当 EMI 谱写的巴赫风格作品首次演出时，坐在伊利诺伊大学音乐厅的所有听众惊讶得目瞪口呆。两年以后，在圣克鲁斯巴洛克艺术节上，这些作品再次被演奏。Cope 要求听众告诉他，哪首曲子是巴赫的原创，大多数人无法给出正确的答案。

EMI 中最深层次的原理是被 Cope 称作"重组音乐 (recombinant music)"的原理——从一名作曲家的作品中识别出不同类型的重现结构，然后以新的排列来复用这些结构，依此产生一份"同样风格"下的新作品。你可以想象 EMI 在学习了贝多芬的九首交响曲后，自行谱出《贝多芬第十交响曲》。

EMI 谱曲的基本单位不是音符，而是已有作品的重现结构。也就是说，EMI 的作曲原理可以这样理解：把一批同一品牌的不同型号的汽车拆开，用零件重新组装一辆新车。

挑战任务

1 个掌控板只有 6 个触摸按键，你能和同学一起，将 2 个掌控板的触摸按键组合在一起，设置更多的音符，并用它们弹奏出其他乐曲吗？跟同学们讨论一下，赶快行动起来吧！

迷你点歌台

想拥有能自由切换歌曲，用按键控制歌曲播放的点歌台吗？在这个项目中，我们就来尝试做个迷你点歌台吧！

学习目标

1. 进一步使用触摸按键和蜂鸣器播放整首歌曲。
2. 掌握音乐模块和屏幕显示模块联合运用的方法。
3. 理解掌控板和 Mind+ 点播台功能的原理。

任务说明

用掌控板、Mind+ 软件编程，播放整首歌曲，并通过按键点播歌曲。

主要电子元器件清单

本项目需要的主要电子元器件如图 7-1 所示。

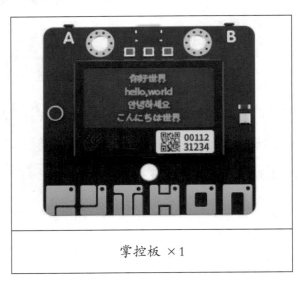

掌控板 ×1

图 7-1　主要电子元器件

实践与探究

一　知识探秘

知识园地 1：自定义模块的封装功能

在程序中有一个概念叫做封装。函数封装是把一段可重复使用的代码块用函数或类的方式包裹起来，提供一个简单的函数接口给调用者。函数封装可以减少代码的冗余，提高代码的可读性和易维护性，也可以保护函数内的变量。在这里我们可以认为 Mind+ 里面的自定义模块就是一种简单的函数封装。自定义模块的功能在实践中可以用来精简程序，并且自定义模块在对同一个程序的调用过程中，只要被定义过一次，就可以多次调用，非常方便。

知识园地 2：建立自定义模块

添加自定义函数的过程如图 7-2 所示。在函数模块中找到"自定义模块"，并为自定义的函数模块命名。我们可以编辑自定义模块里的函数，将复杂的音乐函数封装到该模块中。

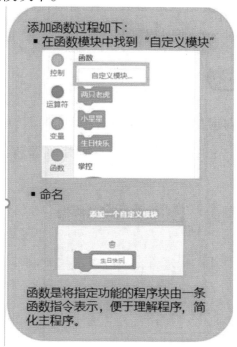

图 7-2　添加自定义模块

在自定义的过程中，需要注意参数的选择。在自定义模块中，新建模块后，可在选项中选择模块，如图7-3所示。

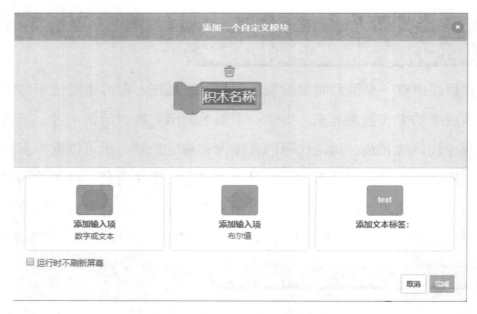

图7-3　自定义模块的参数

参数一般要分为实际参数和形式参数。参数在定义的模块中是形式参数，而在程序调用过程中又会转变为实际参数。在编写程序的过程中会经常使用自定义的模块。有效使用时，它可以提高程序的可读性，也更容易让人理解。

知识园地3：节拍

"播放音符"指令后对应的节拍表示发音持续时间，这里1拍等于1秒。例如：设置指令中参数为"1 中 C/C4 1"拍，则蜂鸣器将以1（do）音调持续响1秒钟。

小提示

根据简谱中的符号可以确定音符的节拍。比如在4/4节拍的旋律中，下方没有标记横线的音符，指令中使用1/4节拍；音符后有横线，每增加一道横线，指令中增加1/4节拍，例如"1 –"有一个横线，表示1/2节拍。

二　程序编写

使用自定义积木块编辑歌曲片段。

任务一：自定义函数模块。

在函数模块界面（如图 7-4 所示）添加自定义积木，命名为"小星星"。简单编辑歌曲《小星星》的片段并播放，检查是否编辑正确。

图 7-4　自定义函数模块

参考图 7-5 所示的程序，编写程序并上传。

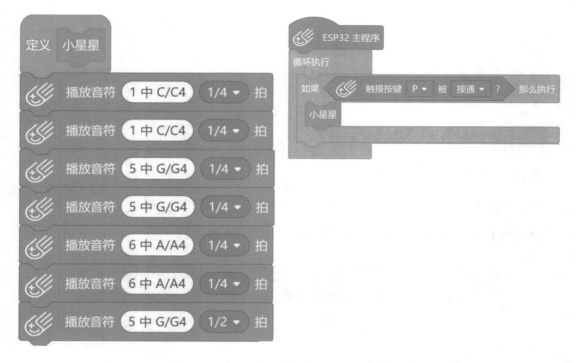

图 7-5　定义《小星星》乐曲的参考程序

小提示

使用自定义积木块编辑两首你喜欢的音乐，如《生日快乐歌》《两只老虎》。你能做到吗？

▌任务二：完成点播程序框架。

要满足能点歌的要求，可选择"执行"指令，并设置触键响应。触摸 P 键，播放《小星星》片段；触摸 Y 键，播放《生日快乐歌》片段；触摸 T 键，播放《两只老虎》片段。在播放歌曲片段时，屏幕显示正在播放的歌曲名。参考图 7-6、图 7-7 所示的程序，编写程序并上传。

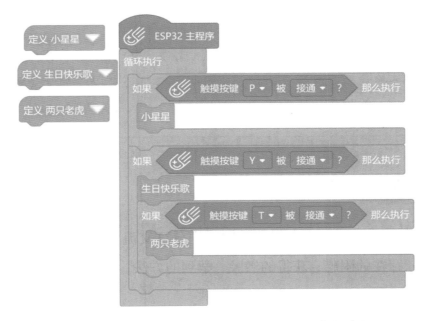

图 7-6　搭建主程序——实现按键播放特定歌曲

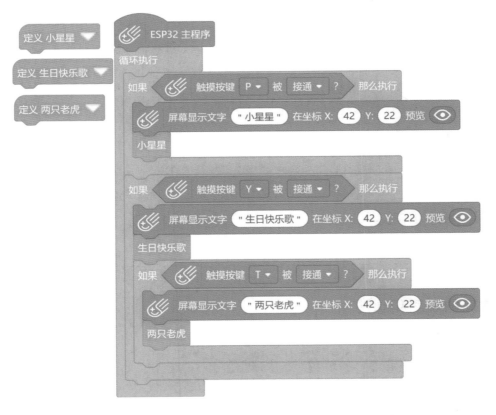

图 7-7　搭建主程序——实现播放歌曲时显示歌名

试一试

　　通过学习编写点歌台程序，我们可以尝试用掌控板做出更多样式的播放界面。比如播放歌曲时展示乐谱或者歌词作者，还可以添加背景图片。发挥你的创意，制作你的迷你点歌台吧！

分享与交流

　　创新精神在于分享，拿出作品和同学们分享交流你在完成任务的过程中遇到的问题、存在的困惑、获得的经验、学到的方法。在分享交流的过程中，如果你有新的思路和想法，请及时记录下来。

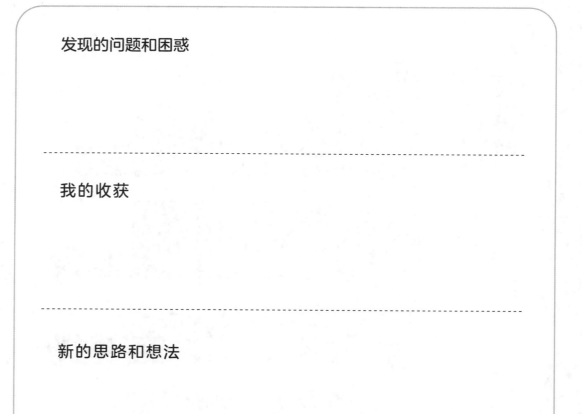

发现的问题和困惑

我的收获

新的思路和想法

拓展与挑战

拓展阅读：AI ＋音乐＝？

机器可能没有灵魂，但现在它和人一样，也可以进行艺术创作。

在音乐创作层面，机器使用大数据深度学习训练后，建立模型，可自动生成类似人类作曲家创作的曲子。相较人工作曲，AI 创作在成品数量及速度上都更加突出，而且，随着机器算法学习的不断强化，其创作能力、作品质量也将大幅提升。这打破了音乐市场在成本及创作时间上的限制，对音乐产业链来说，效率将得到提升。

AI 是如何谱曲的？简单来说就是大数据分析加上外部算法。AI 作曲背后蕴含着多种算法模型的结合运用，包含人工神经网络、马尔科夫链及遗传算法等。

人工神经网络是一种对生物神经的网络行为特征进行模仿，开展分布式并行信息处理的算法模型。基于程序员搭建的多层"神经网络"，机器对海量经典音乐数据消化和分析后形成对音乐旋律、节奏、音高、强弱变化的"理解"。而在不断的高速学习中，AI 的能力会越来越强，最终掌握规律并以巧妙的手法重新融合信息，创造出风格不同的音乐作品。该学习方式使 AI 能够对音乐的全局性特征进行学习，但缺点是需采用大量的样本进行训练。

挑战任务

尝试做能显示歌词的音乐播放器：将歌曲对应的歌词显示在屏幕上，切换不同图片播放不同的歌曲，通过触摸按键点歌。

语音助手

智能手机都有语音识别功能，能开启不同的功能应用。家里的智能音箱能够在语音识别下，实现选歌播放、控制家电等功能。我们一起来尝试制作一款"我说你懂"的语音助手吧。

学习目标

1. 了解语音识别模块的工作原理。

2. 能在掌控板上加载语音识别模块，理解顺序程序结构和函数的调用。

3. 通过实时语音识别判断，实现对开灯、关灯两种状态的实时切换。

任务说明

在掌控板上加载语音识别模块，编写程序。当接收到"开灯"语音时，掌控板 LED 灯变蓝色，屏幕上出现"开灯"文字；当接收到"关灯"语音时，掌控板 LED 灯熄灭，屏幕上出现"关灯"文字。

主要电子元器件清单

本项目需要的主要电子元器件如图 8-1 所示。

	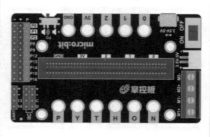	
掌控板 ×1	I/O 扩展板 ×1	语音识别模块 ×1

图 8-1　主要电子元器件

实践与探究

一 知识探秘

知识园地 1：语音识别模块

语音识别技术是指计算机通过识别和理解，把语音信号转换为相应的文本信息或命令的技术，是一种常见的人工智能技术。

学习中用到的语音识别模块全称为 I2C 离线语音识别模块（见图 8-2）。它内置了录入语音和自动识别功能，可以在不同的模式下通过麦克风录入声音并匹配是否有要识别的声音。参考图 8-3，进行 I2C 离线语音识别模块硬件连接。

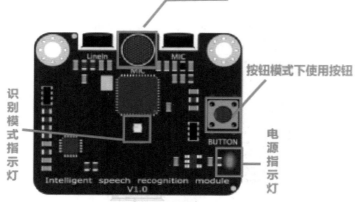

图 8-2 I2C 离线语音识别模块

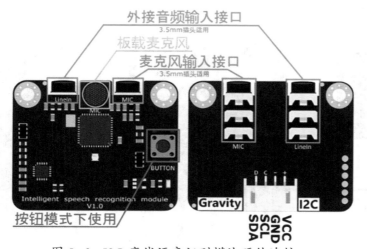

图 8-3 I2C 离线语音识别模块硬件连接

知识园地2：扩展模块

为了实现语音控制开关灯，我们需要在 Mind+ 软件中点击"扩展"模块，调出需要用到的主控板、扩展板、传感器等。打开 Mind+ 软件，切换到"上传模式"。

① 点击"扩展"，在"主控板"下点击加载"掌控板"。

② 在"扩展板"下点击加载"micro:bit& 掌控扩展板"。

③ 在"用户库"中搜索点击加载"I2C 语音识别模块"。

二 硬件连接

① 将掌控板插入 I/O 扩展板，注意掌控板与扩展板的正确接合方式，OLED 屏朝扩展板的"掌控板"字样方向插入，如图 8-4 所示。

图 8-4 掌控板与扩展板连接

② 按照图 8-5 所示的接线图，连接语音识别模块和 I/O 扩展板。

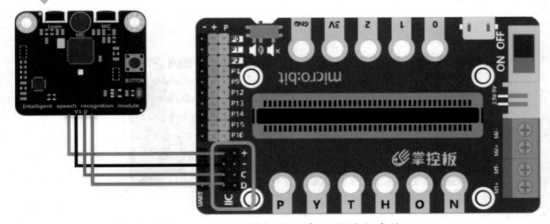

图 8-5 I/O 扩展板与语音识别模块连接

三　程序编写

▌任务一：语音识别模块关键词的识别。

参考图 8-6 和图 8-7 所示的程序，编写程序，实现初始化语音识别模块和定义关键词，以及初始化语音识别开关灯。

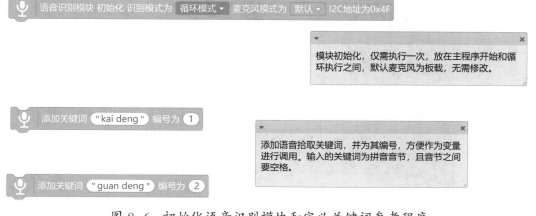

图 8-6　初始化语音识别模块和定义关键词参考程序

图 8-7　语音识别开关灯参考程序

▌任务二：初始化语音识别开关灯。

通过编程实现：听到 "kai deng" 指令，掌控板 LED 灯亮，屏幕显示文字 "开灯"；听到 "guan deng" 指令，掌控板 LED 灯灭，屏幕显示文字 "关灯"，可参考图 8-8 所示的程序。

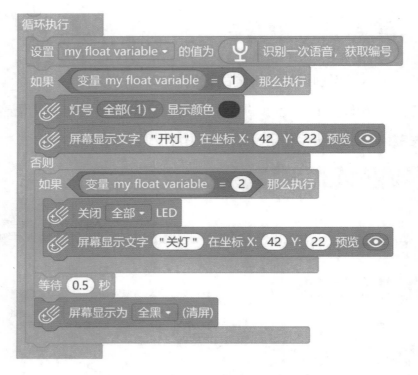

图 8-8　初始化语音识别开关灯参考程序

单击"上传到设备"，将编写好的程序上传到掌控板。

分享与交流

　　创新精神在于分享，拿出作品和同学们分享交流你在完成任务的过程中遇到的问题、存在的困惑、获得的经验、学到的方法。在分享交流的过程中，如果你有新的思路和想法，请及时记录下来。

发现的问题和困惑

我的收获

新的思路和想法

拓展与挑战

拓展阅读：AI 智能语音助手

随着 AI 的发展，现在手机上安装了各种 AI 智能语音助手软件。它们可以和用户聊天，也可以控制物联网中的智能家居。目前比较有名的有小爱同学、天猫精灵、Cortana 和 bixby 等。

挑战任务

让声音为你的项目添一抹亮色！连接中英文语音合成模块，再添加几行简单的代码就可以让你的项目"开口说话"。无论是中文还是英文，对语音合成模块来说都是"小菜一碟"，播报当前时间、播报环境数据……统统不在话下。与语音识别模块结合，还可实现语音对话！发挥创意，试一试吧！

时钟与时差

现代社会，即使是足不出户，电子设备也能通过网络获取不同国家的即时时间，还能将时间显示出来。在这个项目中，我们一起试着让掌控板变身为网络时钟吧。

学习目标

1. 了解时区的划分与时差的概念。

2. 了解网络时间协议。

3. 通过编写程序，让掌控板显示指定时区的时间。

任务说明

利用掌控板通过 Mind+ 软件编程，实现实时显示世界各地时间。

主要电子元器件清单

本项目需要的主要电子元器件如图 9-1 所示。

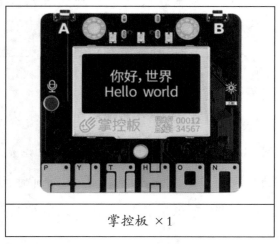

掌控板 ×1

图 9-1　主要电子元器件

实践与探究

一   知识探秘

知识园地1：时区的划分

世界上不同经度的地区，其地方时也有所不同，我们按照经度把全球划分为不同的时区。不同时区之间的地方时差别就是我们常说的"时差"。

现今全球共分为 24 个时区。实际上，常有 1 个国家同时在 2 个或更多时区的状况，但为了行政管理和交流的方便，统一使用其中 1 个时区的地方时。例如，中国幅员辽阔，跨 5 个时区，实际上只使用东八时区的标准时，即北京时间。

知识园地2：网络时间协议（NTP）

网络时间协议（network time protocol，NTP），是用来使计算机时间同步化的一种协议，它可以使计算机对其服务器或时钟源（如石英钟、GPS 等）做同步化，提供高精准度的时间校正，并且以加密确认的方式来防止恶意的协议攻击。NTP 的目的是在无序的网络环境中提供精确的时间服务。因此，我们可以利用 NTP 协议获取指定时区内网络服务器的时间。

知识园地3：网络、时间模块积木块

网络、时间模块积木块及其功能如表 9-1 所示。

表 9-1   网络、时间模块积木块及其功能

积木块	功能
📶 Wi-Fi 连接到 热点："yourSSID" 密码："yourPASSWD"	"Wi-Fi"指令：输入 Wi-Fi 名称及密码，使掌控板连接到互联网

积木块	功能
⏰ NTP设置网络时间, 时区 东8区▾ 授时服务器 "ntp.ntsc.ac.cn"	"NTP设置网络时间、时区"指令：设置时区，即可连接到相应的网络服务器，获取该服务器的实时网络时间
初始化时钟 my_clock x 64 y 32 半径 30	"初始化时钟"指令：设置位置和大小，绘制时钟
时钟 my_clock 读取时间	"读取时间"指令：读取网络时间

二 程序编写

▌任务：连接 Wi-Fi，获取指定时区网络时间并以钟面形式显示。

在一个有无线网络的环境内，输入 Wi-Fi 信号的名称和密码，将掌控板连接网络并获取东八区网络时间，并以钟面形式显示。

小提示

请尽量连接自己熟悉且安全的网络。

参考如图 9-2 所示的程序，编写程序，将掌控板通过 Wi-Fi 连接网络，并获取网络时间，以钟面形式显示在屏幕上。

图 9-2　参考程序

单击"上传到设备",将编写好的程序上传到掌控板,掌控板就能连接到互联网,通过 NTP 协议获取东八区的网络时间并将其实时显示在屏幕上了。

分享与交流

创新精神在于分享,拿出作品和同学们分享交流你在完成任务的过程中遇到的问题、存在的困惑、获得的经验、学到的方法。在分享交流的过程中,如果你有新的思路和想法,请及时记录下来。

发现的问题和困惑

我的收获

新的思路和想法

拓展与挑战

拓展阅读：Timeshifter 助你轻松"倒时差"

时差是困扰很多旅行者及出差党的难题。对付时差的办法也有很多，如选择合理的航班时间等，而一款名为 Timeshifter 的应用软件则希望通过一些简单的技巧帮助用户克服时差反应。

用户只需要在 Timeshifter 中输入完整的航班信息、生活习惯（早睡早起或者晚睡）以及睡眠方式。之后，Timeshifter 便会立即生成个性化的睡眠时间表。

该应用程序的独特之处在于它完全基于睡眠神经学，旨在将用户的内部时钟提前与目的地时间匹配。Timeshifter 联合创始人兼首席执行官 Mickey Beyer Clausen 解释说，击败时差的方式是尽快将一个人的生物钟周期转移到 新时区。

挑战任务

你可以利用掌控板的 OLED 显示屏，显示多时区的不同时间吗？跟同学们讨论一下，行动起来吧！

项目10 天气管家

天气对人类的生产生活有非常重要的影响，关注天气预报是很多人的日常生活习惯。我们尝试使用掌控板来做一款可以实时显示本地的天气预报的天气管家吧，如图 10-1 所示。

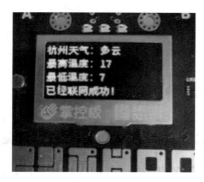

图 10-1　网络天气播报

学习目标

1. 通过 Mind+ 软件，了解云端服务器上获取各地区天气信息的方法。

2. 编写能显示实时天气状况和温度的程序。

任务说明

利用 Mind+ 软件中掌控板扩展模块，使用网络服务功能获取天气信息。

主要电子元器件清单

本项目需要的主要电子元器件如图 10-2 所示。

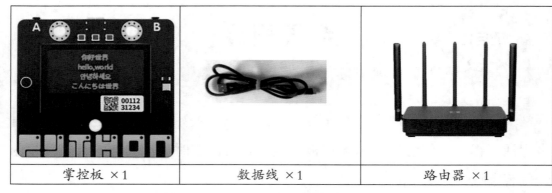

| 掌控板 ×1 | 数据线 ×1 | 路由器 ×1 |

图 10-2　主要的电子元器件

实践与探究

一　知识探秘

知识园地 1：用掌控板 API 调用天气预报信息

气象部门利用专业的观测工具、标准的观测流程和复杂的预测模型，生成实时的天气数据。气象部门会提供数据 API（application program interface，应用程序接口）给公众使用，我们只要输入地区名称就会知道该地区的天气情况。另外，不同系统和编程语言之间的数据通信，往往也采用 API 形式进行数据交互。

使用掌控板 API，编写天气预报程序，就能获取我们所需的天气预报相关信息。

知识园地 2：天气模块积木块

天气模块积木块及其功能如表 10-1 所示。

表 10-1　天气模块积木块及其功能

积木块	功能
	"天气服务器初始化"指令：需要先到天气服务网站注册一个账号，获得账号 ID 和账户密码并填入程序相应配置处

续表

积木块	功能
	"屏幕显示文字"和"读取"指令：显示对应地区天气预报的内容

二   程序编写

▌任务一：打开 Mind+ 软件，依次选择"连接设备""上传模式"和"主控板"。

打开 Mind+ 软件，参考图 10-3 和图 10-4，完成连接模式和主控板选择。

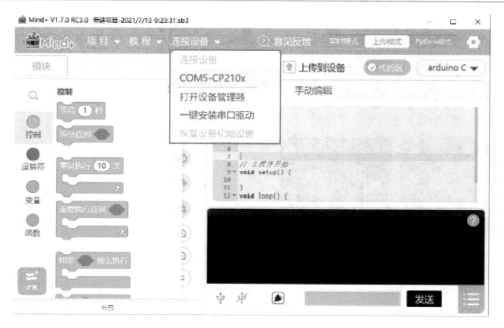

图 10-3   连接设备

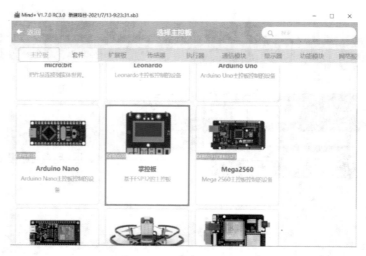

图 10-4 选择主控板

▍任务二： 选择网络服务中的"获取天气"和"Wi-Fi"模块。

> 选择网络服务中的"获取天气"模块（如图 10-5 所示），查看 Mind+ 软件中模块指令是否加载成功。

图 10-5 选择"获取天气"模块

任务三：进行主程序编写。

> 编制程序，实现天气状况和温度实时显示，并在一定时间里进行更新。

① 进行 Wi-Fi 连接，连接成功后在屏幕第 1 行显示文字"已经联网成功"。参考程序如图 10-6 所示。

图 10-6 Wi-Fi 连接参考程序

② 天气服务器初始化。参考程序如图 10-7 所示。

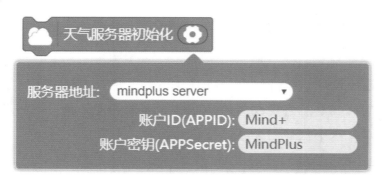

图 10-7 天气服务器初始化设置参考程序

③ 设置屏幕上需要显示的天气预报的内容。图 10-8 所示的程序以武汉为例，获取天气信息。

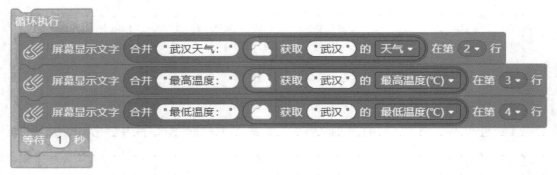

图 10-8 获取武汉天气参考程序

④ 程序上传到设备并运行，掌控板屏幕上就可以实时显示本地的天气预报数据了。

小提示

设置实时更新的刷新时间。由于天气预报的网站每天最多免费提供 2000 次调用，经计算，60 秒刷新 1 次不会超过总调用数。

试一试

按照自己的设计，接好线路，将程序编译上传。测试一下，自己连接的电路和编制的程序能实现设想的功能吗？如果不行，找一找问题出在哪里；如果可以，跟小伙伴们分享一下你的经验。

分享与交流

　　创新精神在于分享，拿出作品和同学们分享交流你在完成任务的过程中遇到的问题、存在的困惑、获得的经验、学到的方法。在分享交流的过程中，如果你有新的思路和想法，请及时记录下来。

发现的问题和困惑

我的收获

新的思路和想法

拓展与挑战

拓展阅读：预报天气，AI 比人类更擅长

更快速、更精准是天气预报从业者不懈的追求。随着观测卫星、雷达和传感器网络持续不断地产生大量数据，处理海量的、多种多样的气象资料成为天气预报从业者的一个挑战。而 AI 因为出色的大数据处理能力，成为助力进一步精准预报天气的重要工具。

天气影响消费行为、交通物流，影响体育竞赛的胜负，还涉及灾害预警，因此人们需要精准的天气预报。为了加强对台风、强对流、雾霾等灾害性天气的智能化监测和预报，各地气象监测部门对利用人工智能进行精准天气预报进行了探索。如中央气象台自主研发的冰雹、短时强降水、雷暴大风等分类的强对流短时短期预报技术，上海市气象局研发的基于机器学习的无缝隙短时临近预报技术，深圳市气象局和香港天文台合作研发的雷达回波临近预报技术等。

天气预报和 AI 有着天然耦合的关系。天气预报需要分析大量的、多种多样的资料，而 AI 天生就是处理大数据的工具，具有对不完全不确定信息的推断能力，能提高预测水平以及利用统计与数值模式中无法利用的抽象预报知识等。

挑战任务

在生活中，我们经常使用网络设备的语音问询功能，这样能更快、更方便地获取信息。你能通过语音对话向掌控板查询当前所在城市的天气状况，并得到掌控板的语音播报吗？

网络通信

掌控板除了可以查看天气预报,还可以相互"说话"呢!今天,我们通过局域网,让它们相互"说话"吧!

学习目标

1. 了解 UDP 通信协议。

2. 能使用 UDP 实现掌控板的广播功能。

3. 能以掌控板为载体,设计一个局域网控制项目。

任务说明

编写程序,实现掌控板之间的相互通信与相互控制。

主要电子元器件清单

本项目需要的主要电子元器件如图 11-1 所示。

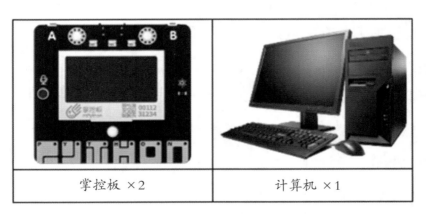

掌控板 ×2	计算机 ×1

图 11-1 主要电子元器件

实践与探究

一　　知识探秘

知识园地 1：UDP 协议

　　UDP（User Datagram Protocol，用户数据报协议）是一个无连接的传输协议。传输数据之前源端和终端不建立连接，当要传送时就去抓取来自应用程序的数据，并尽可能快地把数据发到网络上。虽然它提供的是面向事务的简单不可靠信息传送服务，但它仍是一项非常实用和可行的网络传输层协议。例如，在屏幕上报告股票市场动态、显示航空信息等。

知识园地 2：UDP 广播模块积木块

　　UDP 广播模块积木块及其功能如表 11-1 所示。

表 11-1　UDP 广播模块积木块及其功能

积木块	功能
当UDP服务器收到 广播消息	"当 UDP 服务器收到广播消息"指令：根据广播消息执行对应动作
UDP服务器发送消息 "你好，我是服务器！"	"UDP 服务器发送消息"指令：发送"你好，我是服务器！"到网络
设置UDP服务器端口 8888	"设置 UDP 服务器端口"指令：设置 UDP 服务器的端口
当UDP客户端收到 广播消息	"当 UDP 客户端收到广播消息"指令：根据广播消息执行对应动作
设置UDP客户端连接到服务器IP "192.168.4.1" 端口 8888	"设置 UDP 客户端连接到服务器 IP 端口"指令：设置客户端连接的 IP 地址和端口
UDP客户端发送消息 "你好！我是客户端"	"UDP 客户端发送消息"指令：发送"你好！我是客户端"到网络

程序编写

▍**任务一**：把掌控板设成消息服务器，向其他掌控板或计算机发送消息。

> 编写一段程序：当按下掌控板"A"键时，掌控板向网络发送消息"你好，我是服务器！"。

小提示

掌控板要先将 Wi-Fi 设置成 AP 模式网络，再设置 UDP 消息服务端口为 8888。如同 11-2 所示，掌控板屏幕上显示的 IP 地址就是 UDP 消息服务器的 IP 地址。

图 11-2　将掌控板设置为 UDP 消息服务器

参考如图 11-3 所示的程序，编写程序，设置掌控板为 UDP 服务器。

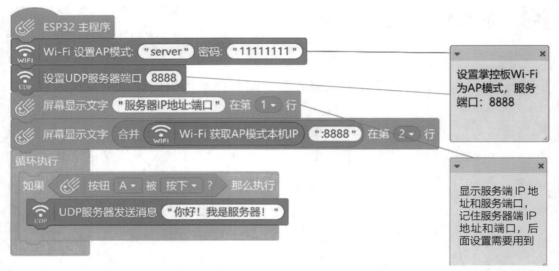

图 11-3　设置掌控板为 UDP 服务器参考程序

　　将程序上传到设备，取下掌控板并接上电源。当按下掌控板的"A"键时，掌控板将向局域网内设备发送消息"你好！我是服务器！"。

　　我们可以用计算机或其他掌控板收取服务器发出的 UDP 信息。

　　把计算机无线网络切换到"server"，Mind+ 软件切换到"实时模式"，点击绿旗图标运行程序。如图 11-4 所示，计算机就能收到服务器发出的消息了。

图 11-4　计算机收到 UDP 消息

　　让同一网络内的其他掌控板也可以收到这条消息，编程如图 11-5 所示。

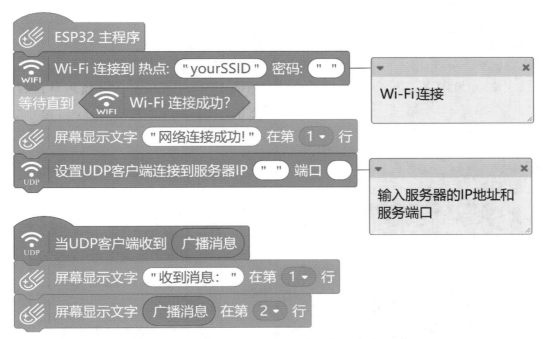

图 11-5　掌控板客户端收到消息的参考程序

其他掌控板上收到消息时的显示效果如图 11-6 所示。

图 11-6　客户端显示效果

▌任务二：将计算机变成消息群发机。

编写一段程序，实现功能：计算机向同一网络内所有掌控板发送消息。

小提示

要实现计算机向同一网络内所有掌控板发送信息，可以把计算机设置为 UDP 消息服务器。计算机端的 Mind+ 软件采用"实时模式"，程序如图 11-7 所示。其他掌控板设置为客户端，程序参考如图 11-5 所示。

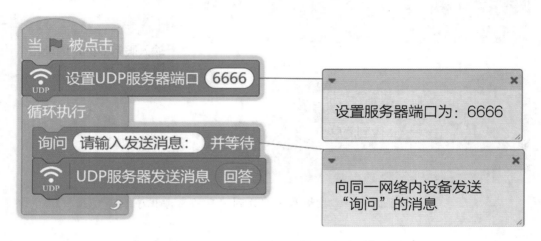

图 11-7　计算机端 UDP 消息服务器参考程序

小提示

计算机端的 IP 地址可以通过"网络"—"属性"查看，也可以通过计算机中"命令提示符"—"ipconfig"指令查看。

分享与交流

创新精神在于分享，拿出作品和同学们分享交流你在完成任务的过程中遇到的问题、存在的困惑、获得的经验、学到的方法。在分享交流的过程中，如果你有新的思路和想法，请及时记录下来。

发现的问题和困惑

我的收获

新的思路和想法

拓展与挑战

拓展阅读：认识局域网

　　局域网：顾名思义，就是局部地区形成的一个区域网络，可以理解为一个路由器下的多台网络设备构成一个局域网络。这里的网络设备指能够通过 Wi-Fi 或网线连接到路由器的设备，比如掌控板。路由器也可以用手机（开热点）替代。

IP 地址：IP 地址就像是家庭住址一样，如果你写信给一个人，你需要把对方的地址写在信封上，这样邮递员才能把信送到。计算机发送信息就好比是邮递员送信，它必须知道唯一的"家庭地址"才能把信送对地方。只不过我们的地址是用文字来表示的，IP 地址通常用"点分十进制"表示成（$a.b.c.d$）的形式，其中，a、b、c、d 都是 0—255 的十进制整数。查询具体的 IP 地址，可以打开 CMD 窗口，在命令提示符后输入 IPCONFIG/ALL 查询。

服务器端与客户端：顾名思义，服务器端是提供服务的，客户端是使用服务的。前面有提到使用 UDP 消息服务器进行数据传输，需要知道对方的 IP 地址以及端口，这个端口就是服务器端提供的。

挑战任务

让我们用多个掌控板配合，组建一套无线网络信息收发系统！

万物互联

利用小小的掌控板竟然可以上网，还可以向网络发送和接收信息，并进行设备的控制，太神奇了！本项目中，我们试着用计算机或手机远程控制掌控板，让掌控板成为"万物互联"的神奇设备！

学习目标

1. 认识物联网。

2. 了解物联网设备间的互联互通原理。

3. 通过编写程序，让掌控板成为物联网的智能终端。

任务说明

编写程序，实现掌控板与互联网通信，让掌控板成为物联网终端控制器。

主要电子元器件清单

本项目需要的主要电子元器件如图 12-1 所示。

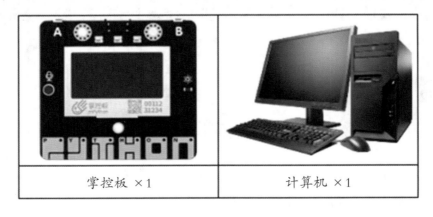

| 掌控板 ×1 | 计算机 ×1 |

图 12-1　主要电子元器件

实践与探究

一　知识探秘

知识园地 1：物联网

物联网（internet of things，IoT），即"万物相连的互联网"，是在互联网基础上延伸和扩展的网络。它将各种信息传感设备与网络结合起来而形成一个巨大的网络，实现任何时间、任何地点的人、机、物互联互通。

物联网平台指提供物联网服务的平台，可以用 SioT 软件自建平台，也可以使用各种公共的物联网平台，例如 EasyIoT、OneNET、阿里云等平台。

知识园地 2：　注册物联网平台用户

如图 12-2 所示，用计算机浏览器打开物联网服务网站，完成用户注册，这样我们就有物联网服务平台了。

图 12-2　打开网站注册物联网平台用户

成功注册后，来到"工作间"，如图 12-3 所示，可以阅览"用户名""密码""主题"等信息。如果看不到相关信息，可以点一下小眼睛图标重新生成。

图 12-3 物联网平台的工作间

点击"远程控制"的"发送消息",就可以向成功连接到平台并已订阅相关主题的掌控板发送消息了。如图 12-4 所示,如果掌控板向平台发送消息,也会在界面"最新消息"中显示。如果没有显示,可以使用键盘"F5"键或点击鼠标右键选择"刷新"。

图 12-4 发送新消息以及显示最新消息

知识园地3：MQTT 模块

MQTT 模块积木块及其功能如表 12-1 所示。

表 12-1　MQTT 模块积木块及其功能

积木块	功能
	"MQTT 初始化参数"指令：设置要登录的物联网平台的"用户""密码""主题"
	"MQTT 发起连接"指令：设置掌控板连接物联网平台
	"MQTT 发送消息"指令：向物联网平台发送消息"hello"
	"当接收到 MQTT 消息"指令：收到物联网平台的消息

二　程序编写

任务一：掌控板连接物联网。

> 编写一段程序：当掌控板的"A"键被按下时，掌控板向物联网平台发送消息"你好！我是掌控板！"。

小提示

> 掌控板在连接物联网平台之前，需要先连接 Wi-Fi 网络。

参考图 12–5 所示的程序，编写掌控板发送消息的程序。

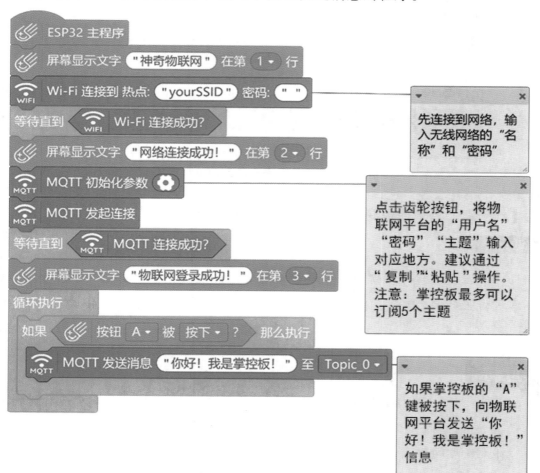

图 12–5　掌控板向物联网发送消息的参考程序

　　将程序上传到设备，取下掌控板并接上电源。当按下掌控板上"A"键时，掌控板将向物联网平台发送消息"你好！我是掌控板！"。物联网平台收到消息，如图 12-6 所示。

图 12-6　物联网平台收到消息

▋任务二：将掌控板变为智能灯。

试一试

　　编写一段程序，实现如下功能：当收到物联网消息"开灯"时，打开掌控板上的 RGB 灯；当收到物联网消息"关灯"时，关闭 RGB 灯。

小提示

　　想要用物联网控制掌控板开灯、关灯，就要编写当掌控板收到物联网消息时执行的操作：如果收到"开灯"的消息，掌控板就执行点亮 RGB 灯的指令；如果收到"关灯"的消息，掌控板就执行关闭 RGB 灯的指令。注意开灯和关灯指令的配合使用。

参考图 12-7 所示的完整程序，编写程序，实现掌控板收到平台消息后控制灯的开或关。

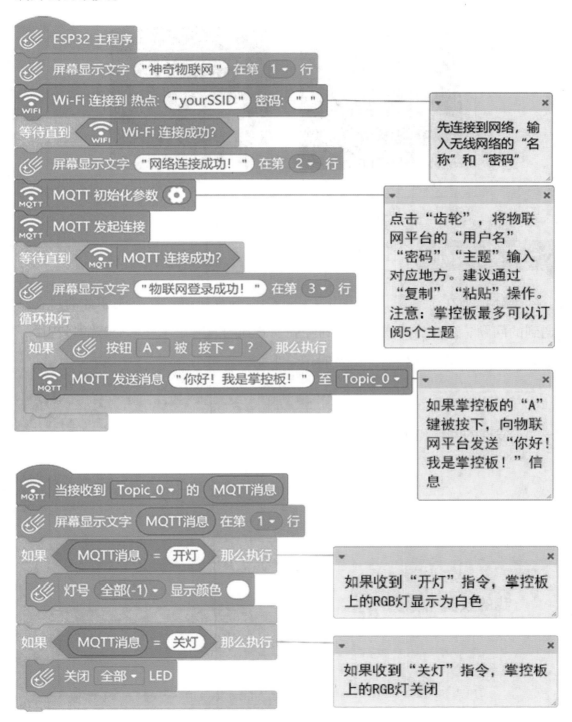

图 12-7 完整参考程序

把程序上传到掌控板后,接上电源,我们就可以在物联网平台上输入命令,控制掌控板上 RGB 灯的开、关了。效果如图 12-8 所示。

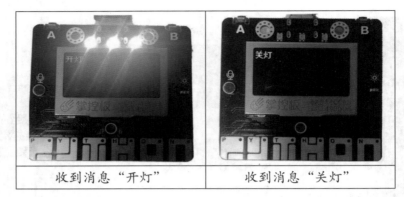

| 收到消息"开灯" | 收到消息"关灯" |

图 12-8 掌控板收到"开灯""关灯"消息

分享与交流

创新精神在于分享,拿出作品和同学们分享交流你在完成任务的过程中遇到的问题、存在的困惑、获得的经验、学到的方法。在分享交流的过程中,如果你有新的思路和想法,请及时记录下来。

发现的问题和困惑

我的收获

新的思路和想法

拓展与挑战

拓展阅读：认识 MQTT 协议

MQTT(消息队列遥测传输) 是 ISO 标准（ISO/IEC PRF 20922）下基于发布 / 订阅范式的消息协议。它工作在 TCP/IP 协议族上，是为硬件性能低下的远程设备以及网络状况糟糕的情况下而设计的发布 / 订阅型消息协议。

MQTT 是一种基于客户端－服务端架构的消息传输协议，所以在 MQTT 协议通信中，有两个最为重要的角色，它们便是服务器端和客户端。

MQTT 主题：客户端想要从服务器获取信息，首先需要订阅信息，那客户端如何订阅信息呢？这里我们要引入"主题（topic）"的概念，客户端发布信息以及订阅信息都是围绕"主题"来进行的，并且 MQTT 服务器端在管理 MQTT 信息时，也是使用"主题"来控制的。

挑战任务

一个掌控板可以订阅五个主题，一个物联网平台可以控制多个掌控板。大家一起合作，将多个掌控板组合在一起，发挥想象力，来一场生动的灯光秀吧！

项目 13　识图辨色

为了防止黑客入侵，保护好家园，我们需要创建第一道防护系统。让 AI 视觉传感器布置在各个角落，一旦发现跟黑客衣服相同的颜色，立刻发出 "Danger!" 提醒。

当然，我们需要先让 AI 视觉传感器"学习"黑客衣服的颜色，它才能做好守卫工作，快来试试看吧！

学习目标

1. 认识 AI 视觉传感器，初步了解其功能。

2. 学会掌控板与 AI 视觉传感器的连接。

3. 学会使用 AI 视觉传感器学习、识别颜色，编写警报程序并运行。

任务说明

了解 HuskyLens AI 视觉传感器的颜色识别功能以及使用方法，使用 Mind+ 软件编写警报程序。

主要电子元器件清单

本项目需要的主要电子元器件如图 13-1 所示。

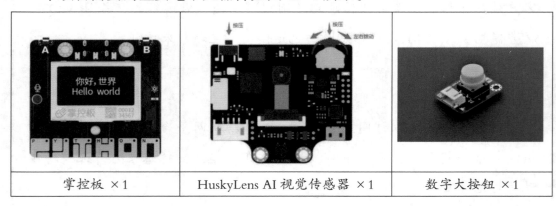

| 掌控板 ×1 | HuskyLens AI 视觉传感器 ×1 | 数字大按钮 ×1 |

图 13-1　主要电子元器件

实践与探究

一　知识探秘

知识园地 1：HuskyLens AI 视觉传感器

HuskyLens AI 视觉传感器又称二哈识图，是一款简单易用的 AI 视觉传感器（如图 13-2 所示），内置 7 种功能：人脸识别、物体追踪、物体识别、巡线追踪、颜色识别、标签识别、物体分类。仅需一个按键即可完成 AI 训练，摆脱烦琐的训练和复杂的视觉算法，让你更加专注于项目的构思和实现。

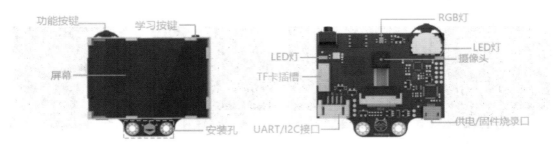

图 13-2　HuskyLens AI 视觉传感器

知识园地 2：数字大按钮

按压式的开关数字输入模块即数字按钮模块，外形为大按钮加按键帽（见图 13-3），使用方便，可以做到"即插即用"。它与 ARDUINO 专用传感器扩展模块结合使用，能够设计出非常有趣的互动作品。

图 13-3　数字大按钮

知识园地 3：将 HuskyLens AI 视觉传感器界面设置为中文

菜单界面的默认语言为英文，同时也支持中文。将菜单界面的语言设置为中文，需按照如下步骤操作（见图 13-4）。

① 向右拨动"功能按键"，至屏幕顶端显示"General Settings"。

② 向下短按或长按"功能按键"，进入"General Settings"的二级菜单参数设置界面。

③ 向右拨动"功能按键"，选择"Language"参数（位于最后），然后短按"功能按键"，再向右拨动"功能按键"选择"简体中文"，再短按"功能按键"，此时程序会自动切换到中文语言。

图 13-4　操作示意图

二　硬件连接

按照图 13-5 所示，将 HuskyLens AI 视觉传感器与掌控板连接，并通电。

- **4pin接口（I2C模式）**

序号	标注	管脚功能	用途
1	T	SDA	串行数据线
2	R	SCL	串行时钟线
3	–	GND	电源负极
4	+	VCC	电源正极

图 13-5　HuskyLens AI 视觉传感器连接方式

HuskyLens AI 视觉传感器还需要先"学习"，才能有效识图。学习的步骤为三步。

① 向左或向右拨动"功能按键"，直至屏幕顶部显示"颜色识别"。

② 将屏幕中央的"+"号对准目标颜色块，屏幕上会有一个白色方框，自动框选目标颜色块。

③ 侦测到颜色后，按下"学习按键"学习第一种颜色，然后松开"学习按键"结束学习。

完成以上步骤，就可以去寻找黑客啦！

三　程序编写

AI 视觉传感器"学习"颜色是不是很简单？对它有了充分认识后，一起进行警报程序编写吧！

① 选择程序编写模式。

② 点击选择需要用的掌控板。

③ 选择传感器中的 HuskyLens AI 摄像头模块（见图 13-6）。

图 13-6　选择传感器的摄像头模块

④ 尝试编程！图 13-7 所示为参考程序。

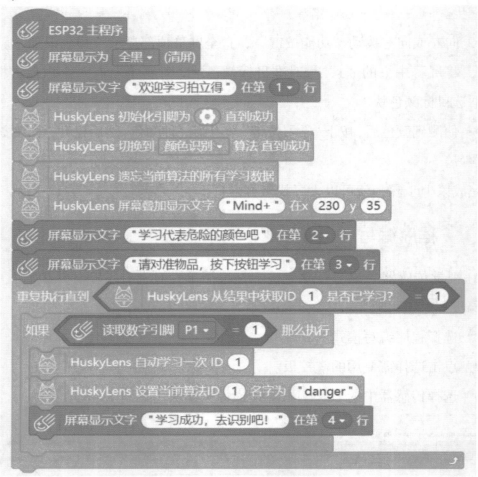

图 13-7　完整参考程序

⑤ 把程序上传到设备，进行功能调试（见图 13-8）。

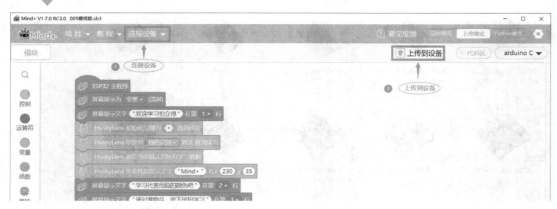

图 13-8　程序上传到设备

分享与交流

创新精神在于分享，拿出作品和同学们分享交流你在完成任务的过程中遇到的问题、存在的困惑、获得的经验、学到的方法。在分享交流的过程中，如果你有新的思路和想法，请及时记录下来。

发现的问题和困惑

我的收获

新的思路和想法

拓展与挑战

拓展阅读：能识别农作物成熟度的 AI 收割机器

在室内农业环境中，机器人可以置于各种农作物之间的轨道上。机器人在温室中航行时，利用人工智能的颜色识别来分析农作物的位置和成熟度，在准备就绪后，使用专门的抓取器来挑选农产品，比如草莓、西红柿等（如图 13-9 所示）。颜色识别在农产品颜色检测与分级中有着广泛的应用。

图 13-9　AI收割机器

挑战任务

本项目实现了通过颜色进行黑客识别，如果我们想用人脸来识别，应该怎么来继续升级改造呢？跟小伙伴讨论一下，行动起来吧！

人脸检测

人脸自动对焦、人脸识别门禁、人脸身份辨识、刷脸支付……人脸识别技术在我们的日常生活中随处可见。想一想：生活中还有哪些地方会用到人脸识别技术？如何利用 AI 视觉传感器进行人脸识别？在本项目中我们就一起来做一个人脸识别的安防作品（如图 14-1 所示）吧！

未学习过的人脸，禁止进入　　　　已学习过的人脸，可以进入

图 14-1　人脸识别安防作品案例

学习目标

1. 了解人脸识别技术。

2. 能使用 AI 视觉传感器学习和识别不同的人脸。

3. 能利用 Mind+ 软件编程，辨识学习过和未学习过的人脸。

4. 能根据人脸辨识结果编程，做好不同的安防措施。

任务说明

用掌控板、I/O 扩展板、AI 视觉传感器制作一款人脸识别安防作品。

主要电子元器件清单

本项目需要的主要电子元器件如图 14-2 所示。

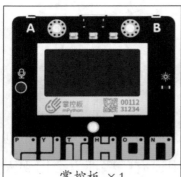		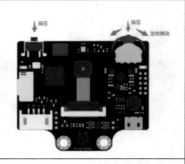
掌控板 ×1	I/O 扩展板 ×1	HuskyLens AI 视觉传感器 ×1

图 14-2　主要电子元器件

实践与探究

一　知识探秘

知识园地 1：录入单个人脸信息

① 连接电源：将接口的数据线端连接 AI 视觉传感器（见图 14-3），另一端插入计算机 USB 接口，即可开机。

图 14-3　连接电源

② 选择"人脸识别"功能：向左或向右拨动"功能按键"，直至屏幕顶部显示"人脸识别"文字（见图 14-4）。

图 14-4　选择人脸识别功能

③　学习单个人脸：将 AI 视觉传感器屏幕中央的"+"对准要学习的人脸，短按学习按键完成学习。如果识别到相同的脸，屏幕上会出现一个蓝色的框并显示"人脸：ID1"，则单人人脸录入已完成，可以进行人脸识别了。

如图 14-5 所示，可以通过观察屏幕方框中央的"+"颜色或观察 AI 视觉传感器背面的 RGB 指示灯的颜色了解当前人脸识别的状态，"+"颜色和 RGB 灯颜色所表示的人脸识别状态如表 14-1 所示。

未学习过的人脸　　　　　　正在学习中　　　　　　已学习过的人脸

图 14-5　通过颜色了解人脸识别不同状态

表 14-1　"+"号颜色和 RGB 灯颜色所表示的功能状态

状态	未学习过的人脸	正在学习中	已学习过的人脸
"+"号颜色	橙色	黄色	蓝色
RGB 灯颜色	蓝色	黄色	绿色

人脸识别过程中，如果光线比较暗，如图 14-6 所示，可以进入常规设置中的二级菜单，打开 LED 灯补光，并可在 1—100 调节 LED 灯的亮度（默认值为 50）。

图 14-6　通过 LED 灯调节光线

知识园地2：删除已学习的人脸信息

要让 AI 视觉传感器学习新的人脸，则需要删除之前学习过的人脸信息，即"忘记"已学过的人脸。

① 短按"学习按键"，屏幕提示"再按一次遗忘！"（见图 14-7）。

② 在倒计时结束前，再次短按"学习按键"，即可删除上次学习的人脸信息。屏幕中央显示"+"，说明已学习的人脸信息被删除，AI 视觉传感器可以开始学习新的人脸了。

图 14-7　删除已学习的人脸信息

知识园地3：录入多个人脸信息

① 设置"学习多个"人脸：AI 视觉传感器人脸识别的默认设置为学习单个人脸。若要学习多个人脸，需在人脸识别模式下，长按"功能按键"进入二级菜单进行参数设置，打开"学习多个"选项，利用"功能按键"可实现更改设置并保存参数。设置完毕后，系统将自动返回人脸识别模式（见图 14-8）。

图 14-8　学习多个人脸信息设置

② 将 AI 视觉传感器屏幕中央的"+"对准需要学习的人脸，长按"学习按键"，完成第一个人脸的各个角度的学习（见图 14-9）。

图 14-9　学习多个人脸操作和结果显示

③ 松开"学习按键"后，屏幕上会提示"再按一次继续！按其他按键结束"。若要继续学习下一个人脸，则在倒计时结束前，短按学习按键。如果不再需要学习其他人脸了，则等待倒计时结束或在倒计时结束前，短按"功能按键"。注意标注的人脸 ID 与录入人脸的先后顺序是一致的，并且对应不同的边框颜色。

二　硬件连接

将 Type-C 数据线连接掌控板，4P 传感器连接线按图 14-10 所示方式连接。

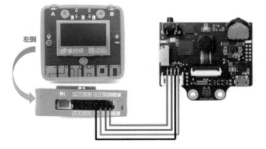

序号	标注	管脚功能	用途
1	T	SDA	串行数据线
2	R	SCL	串行时钟线
3	–	GND	电源负极
4	+	VCC	电源正极

图 14-10　数据线连接掌控板

三　程序编写

试一试

通过编程实现，辨识是否为学习过的人脸。如果是学习过的人脸，显示"可以进入"，并且亮绿灯；如果没学习过该人脸，显示"禁止进入"，并且亮红灯。

流程图如图 14-11 所示，可参考并自己绘制流程图。

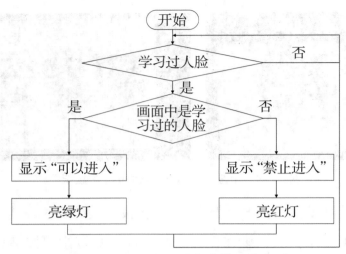

图 14-11　人脸识别安防作品流程图

参考图 14-12 所示的程序，编写人脸识别安防程序。

图 14-12　人脸识别安防作品参考程序

试一试

　　大家按照各自的设计，接好线路，将程序编译上传，测试一下，自己连接的电路和编制的程序能实现设想的功能吗？　如果不行，找一找问题出在哪里；如果可以，跟小伙伴们分享一下你的经验吧。

分享与交流

　　创新精神在于分享，拿出作品和同学们分享交流你在完成任务的过程中遇到的问题、存在的困惑、获得的经验、学到的方法。在分享交流的过程中，如果你有新的思路和想法，请及时记录下来。

发现的问题和困惑

我的收获

新的思路和想法

拓展与挑战

拓展阅读：什么是人脸识别？

　　人脸识别是基于人的面部特征信息进行身份识别的一种生物识别技术，通常也叫做人像识别、面部识别。它用摄像机或摄像头采集含有人脸的图像或视频流，并自动在图像中检测和跟踪人脸，进而对检测到的人脸进行脸部识别。人脸识别过程的关键步骤如图 14-13 所示。

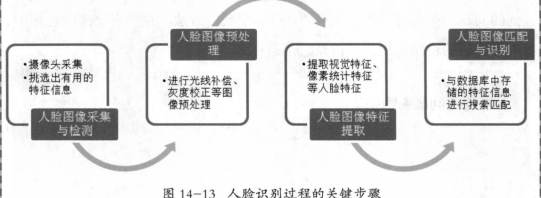

图 14-13　人脸识别过程的关键步骤

挑战任务

　　前面的尝试中，我们只实现了辨识人脸，你能尝试录入多人人脸信息并分别"叫出"其名字吗？能用人脸识别功能创作其他创意作品吗？动手试一试吧！

"慧眼"识物

为了保护家园，森林里将组织召开一个动物集会，请鸟、猫、牛、狗、马、羊来参加。为了防止黑客入侵，我们将使用视觉传感器的物体识别功能，做一个"非请莫入"的防护设备。请你们运用智慧成功召开这次集会吧！

学习目标

1.理解图像识别技术，了解图像识别技术在生活中的运用。

2.知道图像识别技术的工作原理。

3.学会使用 AI 视觉传感器的物体识别功能。

任务说明

了解图像识别技术的工作原理，学会 AI 视觉传感器的物体识别功能以及使用方法。

主要电子元器件清单

本项目需要的主要电子元器件如图 15-1 所示。

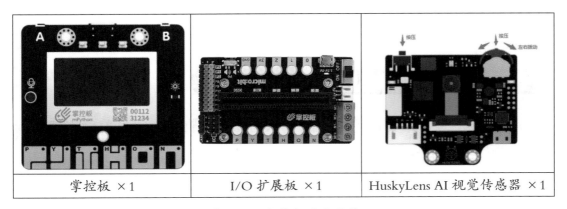

| 掌控板 ×1 | I/O 扩展板 ×1 | HuskyLens AI 视觉传感器 ×1 |

图 15-1　主要电子元器件

实践与探究

一 知识探秘

知识园地 1：图像识别技术的工作原理

如图 15-2 所示，图像的传统识别技术流程有四个步骤：

图像采集　　　图像预处理　　　特征提取　　　图像识别

图 15-2　图像识别技术的工作原理

① 图像采集：顾名思义，通过摄像头采集图像，为后面的图像识别工作做准备。

② 图像预处理：经过一系列算法处理，对图像中的一些信息进行分析和处理。

③ 特征提取：根据上一步处理过的信息，在其中提取关键信息，如颜色、外轮廓等。

④ 图像识别：将提取的信息与样本库中的内容进行比对，一些 AI 视觉传感器的图像识别中既有内置的样本库，又可以通过学习来丰富样本库。

知识园地 2：AI 视觉传感器的物体识别

AI 视觉传感器的物体识别功能可识别并追踪物体。它目前仅支持识别二十种物体，分别为：飞机、自行车、鸟、船、瓶子、巴士、汽车、猫、椅子、牛、餐桌、狗、马、摩托车、人、盆栽植物、羊、沙发、火车、电视。默认设置为只标记并识别一个物体。本项目采用标记并识别多个物体为例进行学习。

知识园地 3：物体识别与其他识别功能的异同

我们已经学了 AI 视觉传感器几种识别功能，如人脸识别、颜色识别等，本项目中即将学习物体识别，那它们之间有什么异同呢？

首先人脸识别是专门用于区分人脸的图像识别。比如：一群人经过人脸识别摄像头，如果提前录入过数据，它能准确地"叫出"每一个人的名字；而物体识别能识别出经过的是一只猫，但不能"认出"是哪一只猫。因为物体识别功能只能识别物体的类别而不能对个体进行区别。

物体识别和物体追踪是不是有点像呢？它们都是识别物体的功能，但是细心观察就能发现，物体追踪只能学习并追踪单一物体，而物体识别可以识别多个物体。这是因为物体追踪可以对一个物体的多个角度进行学习，当你让 AI 视觉传感器学习物体的时候，缓慢旋转物体就能够让视觉传感器学习这个物体的各个角度的样子，这样就可以非常精准地追踪。而物体识别是学习物体的一个面，当你旋转物体的时候，就无法识别了。

颜色识别和标签识别则是定向的识别功能，与物体识别的区别较明显。

二　程序编写

▌任务一：侦测物体。

试一试

如图 15-3 所示，把 AI 视觉传感器对准目标物体，屏幕上会有白色框自动框出识别到的所有物体，并显示对应的物体名称。目前只能识别并框选二十种物体，其余物体无法识别和框选。

图 15-3　侦测物体

▎**任务二：标记物体**。

试一试

　　如图 15-4 所示，把 AI 视觉传感器对准目标物体，当屏幕上显示的物体被检测到并显示其名字时，将屏幕中央的"+"对准该物体的白色框的中央，短按"学习按键"进行标记。此时，框体颜色由白色变为蓝色，并显示其名字和 ID，同时有消息提示"再按一次继续！按其他按键结束"。如要继续标记下一个物体，则在倒计时结束前按下"学习按键"。如果不再需要标记其他物体了，则在倒计时结束前按下"功能按键"，或者不操作任何按键，等待倒计时结束。

　　视觉传感器显示的物体 ID 号码与标记物体的先后顺序是一致的，也就是说会按顺序依次标注为"ID1""ID2""ID3"，以此类推，并且不同的物体 ID 对应的边框颜色也不同。

图 15-4　标记物体

▌任务三：识别物体。

试一试

如图 15-5 所示，AI 视觉传感器遇到标记过的物体时，屏幕上会有彩色的方框框出这些物体，并显示物体名称与 ID。方框的大小随着物体的大小而变化，自动追踪这些物体。同类物体有相同颜色的边框、名字和ID。AI 视觉传感器支持同时识别多类物体，比如同时识别出瓶子和鸟。该功能可以作为一个简单的筛选器使用，从一堆物体中找出并追踪你需要的物体。

图 15-5 识别物体

▌任务四：项目实践。

试一试

用 AI 视觉传感器识别六种动物图片并标记，做成一个只允许这六种动物入场的集会"安保"吧。

分享与交流

创新精神在于分享，拿出作品和同学们分享交流你在完成任务的过程中遇到的问题、存在的困惑、获得的经验、学到的方法。在分享交流的过程中，如果你有新的思路和想法，请及时记录下来。

发现的问题和困惑

我的收获

新的思路和想法

拓展与挑战

拓展阅读：图像识别技术主要应用领域

图像识别技术是立体视觉、运动分析、数据融合等实用技术的基础，在导航、地图与地形配准、自然资源分析、天气预报、环境监测、生理病变研究等许多领域有重要的应用价值。

遥感图像识别：航空遥感和卫星遥感图像通常用图像识别技术进行加工，以便提取有用的信息。该技术主要用于地形地质探察，森林、水利、海洋、农业等资源调查，灾害预测，环境污染监测，气象卫星云图处理以及地面军事目标识别等。

通信领域的应用：图像传输、电视电话、电视会议等。

军事、公安刑侦等领域的应用：军事目标的侦察、制导和警戒系统，自动灭火器的控制及反伪装，公安部门的现场照片、指纹、手迹、印章、人像等的处理和辨识，历史文字和图片档案的修复和管理等。

生物医学图像识别：图像识别在现代医学中的应用非常广泛，它具有直观、无创伤、安全方便等特点。临床诊断和病理研究中广泛借助图像识别技术，例如计算机断层扫描（computed tomography，CT）技术等。

机器视觉领域的应用：作为智能机器人的重要功能，机器视觉主要进行 3D 图像的理解和识别，该技术也是研究的热门课题之一。机器视觉的应用领域也十分广泛，例如用于军事侦察的自主机器人，邮政、医院和家庭服务的智能机器人。此外，机器视觉还应用于工业生产中的工件识别和定位、太空机器人的自动操作等。

挑战任务

HuskyLens AI 视觉传感器的物体分类功能可以学习不同物体的多张照片，然后使用机器学习算法进行训练。完成之后，当摄像头画面再次出现学习过的物体时，HuskyLens AI 视觉传感器可以将其识别出来并显示其 ID，学习得越多识别就越精准。有一个应用叫"口罩识别"，用于识别是否戴了口罩，这种功能用 HuskyLens AI 视觉传感器该如何实现呢？

项目16 辨物训练

视觉传感器的各种识图技能很炫酷吧？科技日新月异，世界千变万化，视觉传感器也需要不断学习和升级。有没有一个万能的办法来应对形状和颜色各异的物体呢？下面，请你帮助计算机完成"辨物训练"，教会计算机辨认不同的物体吧！

学习目标

1. 能理解机器学习的原理。
2. 能描述机器学习相关模块的作用。
3. 能绘制辨别不同物体图像的流程图。
4. 使用 Mind+ 软件，编制不同物体的图像辨别代码。
5. 能说明机器学习应用技术存在的局限及安全性问题。

任务说明

利用计算机和摄像头，使用 Mind+ 软件的机器学习模块编写程序，使用摄像头重复学习，最后检验计算机学习的效果。

主要电子元器件清单

本项目需要的主要电子元器件如图 16-1 所示。

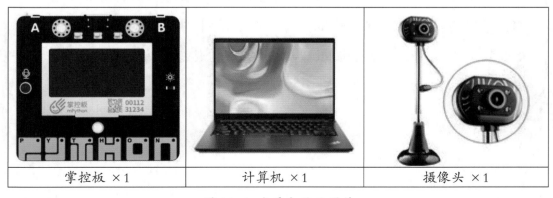

| 掌控板 ×1 | 计算机 ×1 | 摄像头 ×1 |

图 16-1 主要电子元器件

中英文语音合成模块 ×1	I2C LCD1602 液晶模块 ×1	数字按钮模块 ×1

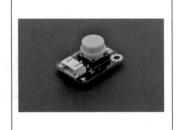

续图 16-1

实践与探究

一　知识探秘

知识园地 1：机器学习

人类学习是个复杂的过程，必须事先被告知不同物体的特征，并通过多次反复记忆，才能在物体特征和物体名称之间建立联系，从而实现对物体的判断。

机器学习（machine learning，ML）是区别于人类学习的。机器学习是研究使用计算机模拟或实现人类学习活动的科学，是人工智能中最具智能特征、最前沿的研究领域之一。机器学习从观测数据（样本）中寻找规律，利用学到的规律（模型）对未知或无法观测的数据进行预测。机器认识新事物时，采集大量新事物的数据，进行特征提取，从而建立模型；经过数据比对、测试、修改，得出切实可用的模型，继而应用模型。

知识园地 2：深度学习

深度学习（deep learning，DL）是机器学习领域中一个新的研究方向，它被引入机器学习使其更接近最初的目标——人工智能。

深度学习是学习样本数据的内在规律和表示层次，这些学习过程中获得的信息对诸如文字、图像和声音等数据的解释有很大的帮助。它的最终目标是让机器像人一样具有分析学习能力，能够识别文字、图像和声音等数据。

深度学习是一个复杂的机器学习算法，在语音和图像识别方面取得的效果，远远超过先前相关技术。

深度学习在搜索技术、数据挖掘、机器学习、机器翻译、自然语言处理、多媒体学习、语音、推荐和个性化技术等领域都取得了很多成果。深度学习使机器能够模仿视听和思考等人类的活动，解决了很多复杂的模式识别难题，使得人工智能相关技术取得了很大进步。

知识园地3：机器学习模块积木块

机器学习模块积木块及其功能如表 16-1 所示。

表 16-1　机器学习模块积木块及其功能

积木块	功能
AI 使用 弹窗 显示摄像头画面	"使用弹窗显示摄像头画面"指令：此指令执行之后需要重新打开摄像头才会生效
AI 开启 摄像头	"开启摄像头"指令：如果要使摄像头翻转，可以开启镜像。部分电脑摄像头开启需要一定时间，可以在后面加几秒钟的等待时间
AI 初始化KNN分类器	"初始化 KNN 分类器"指令：加载模型，清除已经训练后的数据。进行训练前需要先执行此指令，注意不要多次执行
AI KNN将摄像头画面分类为 tag1	"KNN 将摄像头画面分类为"指令：用摄像头拍一张照片并加入名称为 tag1 的分类中。类别相同的图片加入同一分类，例如石头剪刀布的模型，所有石头加入一个分类，所有剪刀加入一个分类，所有布加入一个分类，所有背景加入一个分类
AI KNN开始分类训练	"KNN 开始分类训练"指令：将所有分类中的图片使用 KNN 模型进行训练生成模型。每一次添加图片之后都需要重新训练才能生效

续表

积木块	功能
AI KNN 开始▼ 识别摄像头画面分类	"KNN 开始识别摄像头画面分类"指令：模型训练完成之后可以通过此指令进行连续识别。注意需要先训练再识别，添加图片需要先调用此积木停止识别
AI KNN识别分类结果	"KNN 识别分类结果"指令：获取识别结果。注意 KNN 算法类中，未学习的图片会返回最像的那一个结果，即使相似度只有 1%，因此建议可以先学习背景以便去除干扰

知识园地 4：调用机器学习模块

KNN 分类功能是机器学习 ML5 模块中最强大的功能之一。KNN 机器学习算法可以使计算机学习各种物体，然后在分类识别时逐一比较确认物体的分类，实现各种意想不到的 AI 功能。进入机器学习模块的步骤如下。

① 如图 16-2、图 16-3 所示，在 Mind+ 界面选择"实时模式"，按顺序点击"扩展""功能模块"，选择"机器学习（ML5）"。

图 16-2 机器学习准备——选择实时模式

图 16-3 机器学习准备——选择机器学习

② 如图 16-4 所示，返回后调出机器学习（ML5）模块。

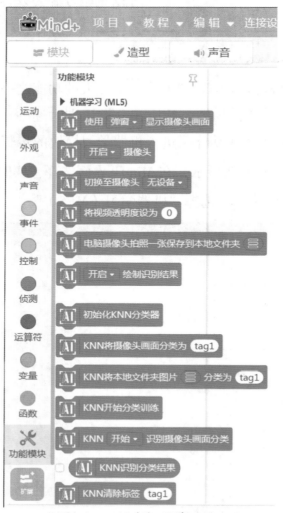

图 16-4 调出机器学习模块

二　程序编写

　　编程实现：首先初始化摄像头及 KNN，然后收集图片数据，设置分类标签，通过训练 + 识别 + 根据结果进行控制，编写程序，实现按下 A键执行循环检测，最后进行重复训练即可。注意重复训练后，可以清除数据后再训练，再次训练前停止识别。

　　辨物参考程序如图 16-5 所示。

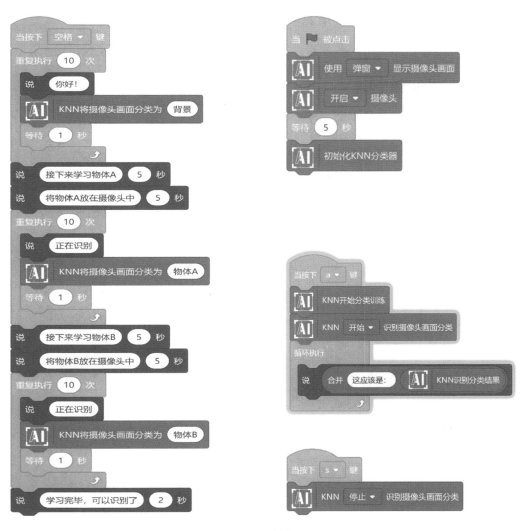

图 16-5　辨物参考程序

小提示

　　将不同物体分别对应不同的分类标签，学习训练多张照片，学习过程中可以移动摄像头识别多个物体。

分享与交流

　　创新精神在于分享，拿出作品和同学们分享交流你在完成任务的过程中遇到的问题、存在的困惑、获得的经验、学到的方法。在分享交流的过程中，如果你有新的思路和想法，请及时记录下来。

发现的问题和困惑

- -

我的收获

- -

新的思路和想法

拓展与挑战

拓展阅读：机器学习在生活中常见的应用

（1）虚拟助手。Siri、Alexa、Google Now 等都是虚拟助手。当使用者用语音或文字发出指令后，虚拟助手会提供服务或执行任务，例如查找信息，或向其他资源（如电话应用程序）发送命令以收集信息。我们也可以指导助手执行某些任务，例如"设置7点的闹钟"等。

（2）交通预测。生活中我们经常使用 GPS 导航服务，而使用过程中的当前位置和实时速度被保存在中央服务器上来进行流量管理，之后使用这些数据用于构建当前流量的映射。这种情况下的机器学习有助于根据预测找到拥挤的区域。

（3）过滤垃圾邮件和恶意软件。电子邮件客户端使用了许多垃圾邮件过滤方法。为了确保这些垃圾邮件过滤器不断更新，它们使用了机器学习技术。多层感知器和决策树归纳等是由机器学习提供支持的一些垃圾邮件过滤技术。

挑战任务

你能编写一个识别人是否戴帽子或者戴眼镜的任务程序吗？